工程造价咨询BIM应用指南

GONGCHENG ZAOJIA ZIXUN BIM YINGYONG ZHINAN

中国建设工程造价管理协会 编

中国计划出版社

北 京

图书在版编目（CIP）数据

工程造价咨询BIM应用指南 / 中国建设工程造价管理协会编. -- 北京 : 中国计划出版社，2021.12
ISBN 978-7-5182-1357-3

Ⅰ. ①工… Ⅱ. ①中… Ⅲ. ①工程造价－咨询服务－计算机辅助设计－应用软件－指南 Ⅳ. ①TU723.3-62

中国版本图书馆CIP数据核字(2021)第217141号

责任编辑：沈　建　　　　封面设计：韩可斌
责任校对：王　巍　　　　责任印制：李　晨　赵文斌

中国计划出版社出版发行
网址：www. jhpress. com
地址：北京市西城区木樨地北里甲11号国宏大厦C座3层
邮政编码：100038　电话：（010）63906433（发行部）
北京天宇星印刷厂印刷

787mm×1092mm　1/16　6.75印张　119千字
2021年12月第1版　2021年12月第1次印刷

定价：36.00元

编制单位和参编人员

主编单位：中国建设工程造价管理协会

广联达科技股份有限公司

参编单位（按章节先后排列）：

广州易达建信科技开发有限公司

北京北咨工程咨询有限公司

中竞发工程管理咨询有限公司

贵州百盛工程建设咨询有限公司

永信和瑞工程咨询有限公司

源海项目管理咨询有限公司

公正工程管理咨询有限公司

永泽建设工程咨询有限公司

海天工程咨询有限公司

杭州三才工程管理咨询有限公司

万邦工程管理咨询有限公司

海逸恒安项目管理有限公司

润恒工程管理有限公司

北京中天恒达工程咨询有限责任公司

青矩技术股份有限公司

河南省致诚工程技术有限公司

山东公平工程咨询有限责任公司

深圳市斯维尔科技股份有限公司

艾力特工程管理有限公司

诚信金泰建设管理（苏州）有限公司

华昆工程管理咨询有限公司

正衡工程项目管理有限公司

编写人员（按章节先后排列）：

刘　谦　只　飞　杨　敏　王和义　吴　浩

姜　辉　白　雷　曹　涛　杜雅楠　黄晓杰

侯　杰　霍雯雯　刘跃广　刘林华　吕　龙
万祖勇　张兵兵　王开文　杨仁军　吴春龙
郭　魁　卓　葵　王　帅　李　静　米　俊
李占烨　虞国明　连阿玲　李宝宁　刘宁宁
马祝坤　许　浩　王涛涛　高　义　李彦博
胡庆宇　王　超　何济源　王家明　李忠宝
田昊川

主　　审： 杨丽坤

审查人员： 王中和　沈维春　李成栋　杨海欧　郭怀君
王玉恒　张　鹏　彭　明　张　晓　郭婧娟
吴虹鸥　王海琼　高　峰　黄　旭　梁　俊
邹雪云

前　言

为进一步推进工程造价市场化改革，提升工程造价服务质量，推动工程造价咨询企业 BIM 应用，促进工程造价咨询行业转型升级。依据《住房城乡建设部关于印发推进建筑信息模型应用指导意见的通知》（建质函〔2015〕159 号）要求，按照《住建部关于印发工程造价改革工作方案的通知》（建办标〔2020〕38 号）、《建筑信息模型应用统一标准》GB/T 51212—2016、《建筑信息模型施工应用标准》GB/T 51235—2017、《建筑信息模型分类和编码标准》GB/T 51269—2017 等有关规定，中国建设工程造价管理协会组织有关单位和专家编制了《工程造价咨询 BIM 应用指南》，以下简称“本指南”。

本指南编制及内容的定位。本指南在编写过程中，组织业内专家深入地探讨了工程造价咨询企业，在实施全过程咨询业务中，基于 BIM 技术在工程全生命周期的应用范围、应用深度、业务边界、业务标准、成果质量等有关问题。

本指南编制的基础支撑。为编制本指南，编制组针对造价咨询企业的 BIM 应用实际，分别从 BIM 技术的应用范围、软件选型、相关制度、组织架构和应用效果五个方面进行了调研和访谈，并分析了工程造价咨询企业在应用 BIM 技术进行咨询服务过程中存在的各类广泛问题。

本指南编制的调研样本。指南编制过程中共采集工程造价咨询企业调研样本 58 家、案例 22 个，侧重于企业咨询业务的实际应用，通过数据分析得出结论。

本指南编制的结论分析。调研结果表明，工程造价咨询企业主动接受和应用 BIM 技术的意愿明显，BIM 应用重点在施工阶段，业务模式从单岗位应用向协同化发展，业务实施向规范化发展，BIM 的应用价值表现明显。另外，造价咨询 BIM 的组织建设还需优化。

目　　录

1 总　　则

1.0.1 为指导和规范工程造价咨询企业 BIM（建筑信息模型）技术应用，提高工程造价咨询企业 BIM 的应用水平，进一步提升工程造价咨询企业的服务质量、效益和全过程造价咨询管理的数字化能力，特编制本指南。

1.0.2 本指南为工程造价咨询 BIM 应用实施的指导性文件，适用于工程造价咨询企业在服务于新建、改建、扩建等工程项目的建筑全生命期或阶段性应用 BIM 的工程。

1.0.3 工程造价咨询企业可结合自身实际情况制订适合企业自身的 BIM 技术应用及发展计划，建立全生命期基于 BIM 技术的造价咨询管理体系，开展示范应用和逐步普及推广，推动多维 BIM 信息应用、实施工程造价咨询业务。

1.0.4 在实施工程造价咨询 BIM 业务过程中，使用本指南时尚应遵循现行国家、行业和中国建设工程造价管理协会相关技术标准、规范的有关规定。

2 术　　语

2.0.1 建筑信息模型　building information model/building information modeling（BIM）

在建设工程及设施全生命期内，对其物理和功能特性进行数字化表达，并依此设计、施工、运营的过程和结果的总称。

2.0.2 构件　component

建筑中独立或相互组合以满足建筑功能的部分。

2.0.3 交付　delivery

根据建设工程项目的应用需求，将建设工程信息模型相关信息传递给需求方的行为。

2.0.4 BIM 数据集成与管理平台　data integration and management platform

利用 BIM、GIS、物联网、移动互联、大数据、云计算和人工智能等技术，实现建设工程及设施全生命期内信息数据集成、传递、共享和应用的软、硬件环境。

2.0.5 协同　coordination

协调两个或者两个以上的不同资源或者个体，共同完成某一目标的过程或能力。工程造价咨询 BIM 的协同工作主要包括与参建单位之间的协同、与参建单位内部不同专业之间、工程造价咨询 BIM 专业内部不同成员之间的协同，以及阶段之间的数据传递和反馈等。

2.0.6 交付物　deliverable

基于建筑信息模型交付的各类电子文件的统称。

3 基本规定

3.1 一般规定

3.1.1 工程造价咨询BIM应用，仅对工程造价咨询业务领域中已实践验证并成熟的BIM应用进行描述，对于造价业务领域属于BIM产品验证性质的应用不做描述。

3.1.2 工程造价咨询BIM应用，宜在工程设计、交易、施工、结算等全过程工程造价咨询服务中应用，并促进工程的数字化交付。

3.1.3 工程造价咨询BIM应用，宜根据工程项目实际需要，开展各阶段BIM咨询业务。

【说明】

工程造价咨询BIM应用的范围界定和限制，主要取决于委托单位对BIM应用的服务要求，工程造价咨询BIM应用单位需要根据委托单位的工程项目实际需求提供服务。一般咨询工作BIM应用节点按项目全生命周期划分，可以归纳为表3.1.3所示的各个阶段BIM应用工作。

表3.1.3 项目全生命周期BIM应用参考表

序号	阶段	子阶段	应用点	建筑	结构	机电	造价
A	项目前期	项目前期	主要经济指标分析	●	●		
			场地分析	●			
			方案论证	●	●		
			可视化展示	●	●		
			数据准备	●	●	●	
B	设计阶段	方案设计	主要经济指标分析	●	●		●
			可视化展示	●			
			建筑方案模型	●	●		
		初步设计	主要技术经济指标分析	●	●	●	●
			可视化展示	●	●	●	
			概算工程量				●
		施工图设计	主要技术经济指标分析	●	●	●	●
			施工图设计模型	●	●	●	

续表 3.1.3

序号	阶段	子阶段	应用点	建筑	结构	机电	造价
B	设计阶段	施工图设计	空间检查	●	●	●	
			碰撞检测	●	●	●	
			管线综合			●	
			可视化展示	●	●	●	
			三维模型交付	●	●	●	●
			工程量统计	●	●	●	●
C	交易阶段	招投标	算量模型	●	●	●	●
			招投标工程文件	●	●	●	●
			可视化展示	●	●	●	●
			模型标书交付	●	●	●	●
D	施工阶段	施工准备	施工深化设计	●	●	●	
			施工平面布置模拟	●	●	●	
			施工进度模拟	●	●	●	
			重点施工方案模拟	●	●	●	
		施工实施	施工技术管理——图纸会审	●	●	●	
			施工技术管理——设计变更	●	●	●	●
			施工技术管理——作业指导书	●	●	●	
			施工技术管理——施工测量	●	●	●	
			施工进度管理	●	●	●	
			施工质量管理	●	●	●	
			施工安全管理	●	●	●	
			设备与材料管理	●	●	●	
			施工成本管理	●	●	●	●
			构件预制加工	●	●	●	●
E	结算阶段	施工验收	模型数据/信息管理	●	●	●	●
			竣工工程量统计	●	●	●	●
			竣工模型交付	●	●	●	●
F	运维阶段	运维维护	数据集成与共享	●	●	●	●
			可视化运维管理	●	●	●	●
			应急管理决策与模拟	●	●	●	●

注：表中“●”为应用点。

3.1.4 工程造价咨询 BIM 应用，可参考本指南框架，创建模型、模型应用和模型交付等 BIM 技术标准和管理体系。确保模型的创建、使用、管理及模型数据的传递和共享满足 BIM 应用，并符合工程建设要求。

3.1.5 工程造价咨询企业，可按照以下要求开展工程造价咨询 BIM 应用业务：

（1）明确工程建设各阶段 BIM 应用目标；

（2）协助建设单位建立组织架构和 BIM 应用管理体系；

（3）明确包含模型创建要求、各阶段模型创建内容和模型细度、各阶段模型应用与交付要求、模型与文件管理等 BIM 技术标准；

（4）建立或协助建设单位建立 BIM 数据集成与应用管理平台，满足 BIM 咨询业务协同需求，辅助工程项目管理；

（5）根据 BIM 数据集成与管理平台运行的需求，建立或协助建设单位建立配套的硬件和网络环境；

（6）制订 BIM 交付成果审核机制和激励措施，规范、督促和引导 BIM 应用工作；

（7）建立完善全过程工程造价咨询 BIM 的各个阶段、各参建单位的 BIM 交付成果的审核、管理和归档制度。

3.1.6 工程造价咨询企业，应根据工程建设各阶段的 BIM 应用目标和应用内容制订工作方案，方案宜包括以下内容：

（1）工程造价咨询 BIM 应用的工作目标和工作原则；

（2）工程造价咨询各阶段 BIM 应用的工作内容和成果要求；

（3）BIM 应用的人员组织架构和相应职责；

（4）BIM 模型的创建、使用和管理要求；

（5）BIM 应用的进度、质量要求；

（6）外部 BIM 协同工作方式；

（7）BIM 数据安全要求；

（8）其他相关保障措施。

3.1.7 工程造价咨询 BIM 应用，应根据委托单位的工作方案和委托合同要求，补充 BIM 应用相关的实施方案或细则。

3.1.8 对于确需外部 BIM 协同工作时，应征得委托单位意见，并遵守委托单位的数据管理规定。

3.1.9 工程造价咨询 BIM 应用，宜按照 BIM 应用委托内容投入 BIM 软件和硬件，并兼顾应用目标，建立合适的 BIM 软、硬件资源应用平台。

3.2 BIM 硬件配置

3.2.1 工程造价咨询 BIM 硬件环境，视业务情况应包括台式计算机和笔记本计算机、智能手机、数据服务器、网络及存储设备等。

【说明】

随着计算机技术的发展，图形处理、云计算功能越来越强大。因此，工程造价咨询 BIM 应用软件对于计算机的硬件运行环境有着严格的要求，一般来说，低于基本配置参数会导致机器不运行、运行不畅或无法显示完整的构件属性、外形或 3D 效果，所以在工程造价咨询 BIM 应用中，选定软件后应严格按软件的要求配置相关硬件，指标高于基本配置越多，机器运行效率越高。同时，硬件的选择也要考虑资源的使用效率，要保持较高的使用效率和价值，避免过早淘汰硬件而导致资源浪费，硬件的基本配置可参考表 3. 2. 1。

表 3. 2. 1　计算机硬件参考配置表

<table>
<tr><th rowspan="2">序号</th><th rowspan="2" colspan="2">类型</th><th colspan="3">计算机基本参考配置参数</th></tr>
<tr><th>低配</th><th>中配</th><th>高配</th></tr>
<tr><td>1</td><td rowspan="9">个人计算机</td><td>BIM 应用</td><td>1. 局部设计建模
2. 模型构建建模
3. 专业内冲突检查</td><td>1. 多专业协调
2. 专业间冲突检查
3. 常规建筑性能分析
4. 精细渲染</td><td>1. 高端建筑性能分析
2. 超大规模集中渲染</td></tr>
<tr><td>2</td><td>操作系统</td><td colspan="3">Microsoft Windows 7、8、10 专业版 64 位（简体中文）</td></tr>
<tr><td>3</td><td>CPU</td><td>Intel Xeon I7 - 4770 3. 4 GHz+</td><td>Intel Xeon E3 - 1240 V3 3. 4 GHz+</td><td>Intel Xeon E5-2690 v3 2. 3 GHz+</td></tr>
<tr><td>4</td><td>内存</td><td>16GB RAM</td><td>32GB RAM</td><td>64GB RAM</td></tr>
<tr><td>5</td><td>显示器</td><td colspan="3">分辨率：1920×1080 真彩色</td></tr>
<tr><td>6</td><td>显卡</td><td>2GB 显存，支持 DirectX 10 及 Shader Model3 显卡</td><td>4GB 显存，支持 DirectX 10 及 Shader Model3 显卡</td><td>4GB 显存，支持 DirectX 10 及 Shader Model3 显卡</td></tr>
<tr><td>7</td><td>硬盘</td><td colspan="3">2T SATA-7200 rpm，3. 5″硬盘</td></tr>
<tr><td>8</td><td>电源</td><td colspan="3">≥650W 电源</td></tr>
<tr><td>9</td><td>认证</td><td colspan="3">3C 认证、Energy Star、节能认证、环保认证</td></tr>
<tr><td>10</td><td rowspan="4">服务器建议</td><td>操作系统</td><td colspan="3">正版 Windows Server 2012 R2 Standard ROK（2CPU/2VMs）-Chin Simp</td></tr>
<tr><td>11</td><td>WEB 服务器</td><td colspan="3">Microsoft Internet Information Server 8. 5 或更高</td></tr>
<tr><td>12</td><td>CPU</td><td colspan="3">2 颗至强 Gold 6132 处理器（14 核以及上/2. 6GHz/15M 缓存）</td></tr>
<tr><td>13</td><td>内存</td><td colspan="3">2×16GB RDIMM ECC2400 DDR4 内存，≥24 条扩展插槽，≥1 536GB 内存扩展</td></tr>
</table>

续表 3.2.1

序号	类型		计算机基本参考配置参数		
			低配	中配	高配
14	服务器建议	硬盘	2 块 600GB 10K 热插拔 2.5 英寸 SAS 硬盘，最大支持 14 个 3.5 英寸+2 个 2.5 英寸或 28 个 2.5 英寸硬盘扩展，支持 SSD 和传统硬盘混插，支持自加密硬盘，支持 PCI-e SSD 硬盘		
15		阵列	M5210RAID5210 卡，支持 0，1 等 RAID 级别，支持 12Gbps，最大支持 4GB 闪存		
16		网卡	标配 4 个千兆以太网控制器，1 个独享的管理端口，可选双口万兆或四口万兆控制器		
17		电源	电源输出功率≥550W80+铂金电源，单电源或 1+1 冗余电源，可选-48V 直流输入，可选 750W 钛金电源，支持主备模式		
18		冷却系统	6 个冗余热插拔系统风扇，双风区设计，每一个风区都支持 N+1 冗余		
19		I/O 扩展	支持 9 个 PCIe 插槽 4×PCIe 3.0 全高全长×8+2×PCIe 3.0 半高半厂×8+2×PCIe 3.0 LP×8（不包括阵列卡专用插槽），8 个 USB 接口，1 个串口		
20		管理	集成管模块 IMM2，实现服务器批量部署、安装、管理。可选远程再现管理模块升级。配置高级光通路诊断面板，无需开机定位主要部件运行状态，预判断和分析功能		
21		系统部署	提供服务器操作系统无人值守安装导航软件，自动检测硬件系统，安装驱动程序；自动监测 RAID 配置，能在导航软件操作界面完成 RAID 配置；支持系统克隆，系统恢复时，能保留用户需要的非操作系统数据		
22		能耗管理工具	支持上千台服务器功耗管理，可灵活预设功耗；生成服务器节点，生成能耗图表，报告功耗状态和趋势；并能监视 CPU、内存、硬盘、网卡实时功耗和利用率，可选升级至控制版，实现服务器限电等功能		
23		固件升级工具	提供可由用户选择的手动固件升级工具，自动实现服务器包括 BIOS、BMC、RAID 卡和 RDX 磁带机底层代码的固件升级；服务器启动时，固件升级工具能自动监测和显示需要支持的固件列表，用户可选是否升级		
24		故障定位	标配前置故障诊断模块，可实现对 CPU/内存/硬盘/网卡/风扇/温度/电源等关键部件的故障诊断，带预测功能，可选配向管理节点推送故障信息		
25		安全	带 2 块 TPM1.2 芯片系统，符合国际加密标准		

3.2.2 工程造价咨询企业应整体考虑信息化发展规划和 BIM 技术对硬件资源的要求，并应结合业务需求建立合适的 BIM 技术 IT 基础架构，合理配置硬件资源。

3.2.3 台式计算机和笔记本计算机的配置，应满足工程造价咨询 BIM 应用最基本的要求，宜适当提高包括数据运算能力、图形显示能力、数据处理能力等各个方面的计算机运行要求性能，针对图形渲染、高性能计算等特殊需求，可考虑选用图形工作站。

3.2.4 数据服务器基本配置，应满足集中存储与共享 BIM 数据的需求，宜结合后期的可维护性配置服务系统和资源。

3.2.5 云技术是工程造价咨询企业在实施 BIM 应用中开展使用虚拟化及云计算的基础保障，工程造价咨询企业可考虑先期开展基于虚拟化技术的 IT 基础架构，逐步向基于云技术的 IT 基础架构调整，合理投入资金和有效利用资源。

3.3 BIM 软件选型

3.3.1 工程造价咨询 BIM 应用软件资源的选择应遵循易学、易用原则，尽量选择主流软件，且需满足 BIM 应用服务内容。同时，应系统考虑 BIM 软件平台的选用、BIM 软件平台的部署和培训、BIM 软件的定制开发等因素。

【说明】

工程造价咨询企业在接受 BIM 应用服务委托后，要充分了解委托单位的业务需求，全面了解委托单位对 BIM 的应用任务内容，以及与相关参建单位的软件对接情况，避免 BIM 软件之间不兼容、不协同而导致 BIM 应用任务失败。工程造价咨询 BIM 应用软件资源最好是成系统选择，要充分考虑软件公司的图形平台、BIM 软件的种类、与其他软件的兼容和协同性能。避免购买 BIM 软件后还要辅以其他图形平台软件，增加购买软件的数量和制约应用能力。目前，BIM 主要应用软件的选择可参考表 3.3.1。

表 3.3.1 全生命周期常用 BIM 软件参考

序号	软件工具		设计阶段			施工阶段				运维阶段		
1	公司	软件	方案设计	初步设计	施工图设计	施工投标	施工组织	深化设计	施工管理	设施维护	空间管理	设备应急
2	Trimble	SketchUp	●	●								
3		Tekla Structure		●	●	●	●	●				
4	Robert MCNeel	Rhino	●	●				○				

续表 3.3.1

序号	软件工具		设计阶段			施工阶段				运维阶段		
5	Autodesk	Revit	●	●	●	●	●	●				
6		NavisWorks		●	●	●	●	●	●	○	○	○
7		Ecotect Analysis		●								
8		Robot Structural		●	●							
9		Advance Steel		●	●	●	●	●				
10		Inventor						●				
11		InfraWorks	●	●								
12		Civil 3D		●	●	●	●					
13	Graphisoft	ArchiCAD	●	●	●	●	●	●				
14	广联达	BIMMAKE	●	●	●							
15		BIM 模板脚手架			●	●	●	●				
16		BIM 施工现场布置			●	●	●	●				
17		MagiCAD		●	●	●	●	●				
18		BIM5D				●	●	●	●			
19		BIM 土建算量 GTJ			●	●	●	●	●			
20		BIM 市政算量 GMA			●	●	●	●	●			
21		BIM 钢结构算量 GJG			●	●	●	●	●			
22		BIM 安装算量 GQI			●	●	●	●	●			
23		BIM 装饰算量			●	●	●	●	●			
24		BIMFACE							●	●	●	●
25	鸿业	铝巨人			●	●	●	●	●			
26		鸿城平台（BIM+GIS）	●	●	●							
27		鸿业装配式			●	●	●	●	●			
28		BIM 云协同							●			
29		机电管综精灵			●	●	●	●				
30		BIMSpace2021	●	●	●				●			
31		鸿业云族			●	●	●	●				
32	Bentley	MicroStation	●	●	●	●		●				
33		OpenBuildings	●	●	●	●		●				
34		OpenBridge	●	●	●	●		●				
35		OpenRoads	●	●	●	●		●				
36		OpenPlant	●	●	●	●		●				
37		ProjectWise	●	●	●			●				
38		LumentRT	●	●								
39		ContextCapture	●	●			●					

续表 3.3.1

序号	软件工具		设计阶段			施工阶段				运维阶段		
40	FORUM 8	UC-Win/Road	●	●		●	●			●		●
41	ArchiBus	ArchiBus								●	●	●
42	鲁班	鲁班大师				●	●	●	●			
43		鲁班场布				●	●	●	●			
44	斯维尔	BIM 算量			●	●	●	●	●			
45		BIM5D 2018					●	●	●			
46	品茗	品茗算量			●	●	●	●	●			
47		品茗 HIBIM		●	●							
48		品茗 BIM5D					●	●	●			
	晨曦	BIM 算量（四合一）			●	●	●	●	●			
	鹏业	算量			●	●	●	●	●			
49	RIB 集团	iTWO				●	●	○	●			
50	建研科技	PKPM		●	●							
51	达索	CATIA		●	●	●		●				

注：表中“●”为主要或直接应用，“○”为次要应用或需要定制、二次开发。

3.3.2 工程造价咨询 BIM 应用软件的选择是实施 BIM 应用工作的首要环节，宜采取软件初选、系统评估、试用测评、正式应用四个步骤。

（1）软件初选。应全面考察和调研市场上现有的国内外 BIM 软件及应用状况，结合委托咨询业务的特点、规模，从中选出可能适用的 BIM 应用软件。初选条件可包括 BIM 软件功能、本地化程度、市场占有率、数据交换能力、软件性价比及技术支持与服务能力等。

（2）系统评估。应对初选的 BIM 软件进行系统性评估，评估应考虑是否符合企业自身的整体发展战略规划、为业务带来收益、软件部署实施的成本和投资回报率，以及工程人员接受的意愿和学习难度等。

（3）试用测评。对选定的 BIM 软件进行试用测评，测评的内容包括 BIM 软件的稳定性和成熟度，易用性（易于理解、易于学习、易于操作等），以及与硬件资源的兼容性等。

（4）正式应用。应基于 BIM 软件初选、系统评估和试用测评，形成备选 BIM 软件方案，并确定最终 BIM 软件方案，完成全面部署。

3.3.3 工程造价咨询 BIM 软件平台的部署、培训和 BIM 软件定制化开发，一般可通过委托专业供应商或服务机构来完成。

3.4 BIM 人员配置

3.4.1 工程造价咨询 BIM 应用团队的组织和管理需要基于企业的自身发展战略与服务项目业务的不同阶段、特点，组建符合企业自身实际情况的 BIM 团队组织和管理模式。

【说明】

高效率、高质量的工程造价咨询 BIM 应用服务离不开良好的组织分工和协同，工程造价咨询 BIM 应用团队的组织形式、管理模式、业务分工和相关职责可参考表 3.4.1。

表 3.4.1 BIM 应用团队人员配置参考表

序号	姓名	职务	任务及分工
1	×××	总工程师	提供资源，决策公司 BIM 技术应用的发展方向
2	×××	BIM 经理	制订本项目 BIM 工作的方向与目标，负责监督具体的项目 BIM 技术的实施工作，提供技术支持，执行运用、沟通协调、组织管理等工作
3	×××	BIM 土建负责人	参与制订实施方案与组织协调，负责本工程 BIM 技术的监督和实施工作
4	×××	BIM 安装负责人	参与制订实施方案与组织协调，负责本工程 BIM 技术的监督和实施工作
5	×××	数据管理员	监督、组织 BIM 成员进行相关工作，负责与现场沟通协调等工作
6	×××	土建 BIM 工程师	负责 BIM 土建模型创建及应用
7	×××	机电 BIM 工程师	负责 BIM 机电模型创建与应用

3.4.2 工程造价咨询 BIM 应用团队的组建应处理好与传统业务模式的衔接和融合。

3.4.3 工程造价咨询 BIM 应用的组织结构宜设立 BIM 应用的专业团队，协助咨询企业各业务部门或项目团队展开与 BIM 服务相关的工作。

3.4.4 工程造价咨询 BIM 应用的专业团队宜考虑长期定位，保持组织稳定，避免团队人员的变动过于频繁，从而影响 BIM 应用服务的工作效率、业务质量，以及造成短期组织结构混乱等。

3.4.5 工程造价咨询 BIM 应用的团队组建宜采用全专业、全人员、全流程的 BIM 应用模式，保证为委托单位提供高效率、高质量的 BIM 服务。

3.4.6 工程造价咨询 BIM 应用的团队建设宜考虑分管企业信息化的领导兼任 BIM 主管领导，并应配置符合对应岗位要求的业务人员。

3.4.7 工程造价咨询 BIM 应用的团队组织宜设置总工程师、BIM 经理、BIM 土建负责人、BIM 安装负责人、数据管理员、土建 BIM 工程师、机电 BIM 工程师等岗位。

4 模型创建与管理

4.1 一 般 规 定

4.1.1 工程造价咨询 BIM 应用开展工作前，应根据所提供的咨询服务需要，对全过程咨询的各个阶段 BIM 应用内容、模型种类和数量、软硬件需求等进行整体规划。

4.1.2 工程造价全过程咨询 BIM 应用的各阶段 BIM 模型，应包括：设计阶段模型、交易阶段模型、施工阶段模型和结算阶段模型等。

【说明】

设计阶段 BIM 模型包括方案设计模型、初步设计模型、施工图设计模型；交易阶段 BIM 模型包括施工图设计模型、施工场地布置模型、专项方案模型、施工组织模型等内容。

4.1.3 工程造价咨询 BIM 应用宜建立 BIM 的协调机制和方法，使工程造价全过程咨询 BIM 应用的各个阶段模型系统地集成为逻辑上是唯一的阶段模型或整体模型。

4.1.4 工程造价咨询 BIM 应用各阶段的模型创建应考虑工程所处阶段 BIM 应用内容和模型数据集成的需求，对模型创建软件和创建方法进行规定。

4.1.5 工程造价咨询 BIM 应用各阶段的模型细度应满足阶段、专业的应用需求。

4.1.6 工程造价咨询 BIM 应用应按实施方案开展模型创建、使用和管理工作，并按要求向委托服务单位交付相关模型和资料。

4.1.7 工程造价咨询 BIM 应用过程中，应保证创建的模型及应用成果真实、完整、有效。

4.2 基 本 要 求

4.2.1 工程造价全过程咨询 BIM 应用各阶段的 BIM 模型应按照统一的规则和要求创建，当按工程部位、专业等分别创建时，各模型应协调一致并能够集成应用。

4.2.2 工程造价咨询 BIM 应用模型的创建，应采用统一的坐标系和度量单位。

4.2.3 工程造价咨询 BIM 应用模型，宜统一创建，按工程部位、标段划分等进行拆分并提供给委托单位使用。

4.2.4 建（构）筑物、地下管线、地形等场地 BIM 模型宜统一创建，场地模型的创建范围应符合设计、施工要求。

4.2.5 工程建筑的本体 BIM 模型创建可按工程部位、专业、系统等分解模型创建工作，BIM 分解模型创建工作可参照如下：

（1）建筑物模型按专业、楼层分解；

（2）道路工程模型按专业、里程分解。

4.2.6 模型颜色应统一规定，并符合下列要求：

（1）地上环境建（构）筑物模型的颜色宜尽量接近实物效果；

（2）地质模型的颜色宜体现地质分层和岩土特征；

（3）市政管线模型的颜色宜便于区分不同管道系统，可与二维图纸的管线颜色保持一致；

（4）工程各专业模型的颜色宜满足模型展示美观和直观区分各专业、系统的需求。

4.2.7 模型元素信息宜包括下列内容：

（1）几何信息：尺寸、定位、空间拓扑关系等；

（2）非几何信息：名称、规格型号、材料和材质、工程量、生产厂商、产权单位、土地性质、功能与性能技术参数，以及系统类型、资产类别、分部分项、施工段、施工方式、工程逻辑关系等。

4.2.8 模型元素及模型元素信息应统一分类、命名和设定编码规则。

4.2.9 模型元素信息的录入方法应明确，并符合下列要求：

（1）需要进行统计、分析的非几何信息，宜录入模型或利用 BIM 数据集成与管理平台关联至模型；

（2）只需满足查询需求的非几何信息，可运用 BIM 数据集成与管理平台建立模型和信息来源（图纸、文档、表格等）的关联关系。

4.2.10 模型或模型元素在进行增加、细化、拆分、合并、集成等创建操作后，应对新创建模型进行正确性和完整性检查。

4.2.11 模型创建完成后应删除模型中冗余的参照文件、模型元素和信息等。

4.3 范围、模型细度和成果

4.3.1 工程造价咨询 BIM 应用模型的专业划分应参照《建筑信息模型

应用统一标准》GB/T 51212—2016、《建筑信息模型施工应用标准》GB/T 51235—2017、《建筑信息模型分类和编码标准》GB/T 51269—2017 等有关规定。

4.3.2 方案设计阶段模型创建及成果要求如下：

（1）创建范围：BIM 模型创建范围宜包含场地、地质、线路、建筑等专业的方案设计模型，并采集未建模专业的工程相关信息；

（2）模型细度：应达到可行性研究的深度，宜支持规划符合性、服务人口、景观效果、噪声影响、征地拆迁、地质适宜性等分析；

（3）成果文件：方案设计阶段 BIM 模型成果文件宜包括征地拆迁分析报告、景观效果模拟视频、地质适用性分析报告等内容。

4.3.3 初步设计阶段模型创建及成果要求如下：

（1）创建范围：BIM 模型创建范围宜在方案设计阶段 BIM 模型的基础上，通过增加或细化模型元素等方式创建初步设计阶段 BIM 模型，建模范围及深度符合工程阶段要求，可根据需要提高模型深度；

（2）模型细度：应达到初步设计深度，支持施工组织设计、措施方案设计、工程风险等分析，满足初步设计阶段 BIM 应用需求；

（3）成果文件：初步设计阶段 BIM 模型成果文件宜包括施工方案模拟视频、方案分析报告、控制因素分析报告等内容。

4.3.4 施工图设计阶段模型创建及成果要求如下：

（1）创建范围：BIM 模型创建宜在初步设计阶段 BIM 模型的基础上，通过增加或细化 BIM 模型元素等方式，创建施工图设计阶段 BIM 模型。建模范围及深度符合工程施工阶段的要求，可根据需要提高模型深度；

（2）模型细度：应达到施工图设计深度，支持管线综合调整、工程量统计、限界优化设计、工程风险分析等，满足施工图设计阶段 BIM 应用需求；

（3）成果文件：施工图设计阶段 BIM 模型的成果文件宜包括预留预埋检查报告、碰撞检查报告、工程量清单、三维模型视图等内容。

4.3.5 交易阶段模型创建及成果要求如下：

（1）创建范围：BIM 模型创建宜在施工图设计阶段 BIM 模型的基础上，通过增加或细化模型元素等方式，创建交易阶段 BIM 模型，宜包括施工场地布置模型，施工方案模型，质量、安全和进度管理模型，造价管理模型等子模型；

（2）模型细度：应达到指导施工和辅助施工管理的深度，支持关键节点、大型设备、工程筹划等分析，以及施工进度、质量、安全、风险、造价等管理，满足施工阶段的基本需求；

（3）成果文件：交易阶段 BIM 模型成果文件宜包括 BIM 三维场地布置模型、施工模拟视频、关键复杂节点措施报告等内容。

4.3.6 施工阶段模型创建及成果要求如下：

（1）创建范围：BIM 模型创建宜在施工图设计阶段 BIM 模型基础上，通过增加或细化模型元素等方式，创建施工阶段 BIM 模型和深化设计 BIM 模型。其中，深化设计 BIM 模型宜包括土建、机电、装修等子模型，施工阶段 BIM 模型宜包括质量管理、安全管理、进度管理、成本管理等子模型；

（2）模型细度：应达到指导施工和辅助施工管理的深度，支持关键复杂节点、大型设备运输路径、工程筹划等分析，以及施工进度、质量、安全、风险、造价等管理，满足施工阶段 BIM 的应用需求；

（3）成果文件：深化设计 BIM 模型与施工阶段 BIM 模型的成果文件宜包括 BIM 应用产生的孔洞清单、开孔剖面、三维模型视图、施工模拟视频、进度、质量、安全分析报告、进度（进度结算）款的计量与支付报告等内容。

4.3.7 结算阶段模型创建及成果要求如下：

（1）创建范围：BIM 模型创建宜在施工阶段 BIM 模型的基础上，通过删除、增加或细化模型元素等方式，创建结算阶段 BIM 模型；

（2）模型细度：应与工程实体和竣工图纸相符合，宜具备工程资料编码、设备编号、资产编码等信息，满足竣工资料归档和资产移交的需求；

（3）成果文件：结算阶段 BIM 模型成果文件宜包括竣工验收模型附加或关联的设施设备清单、施工数据表格、竣工图纸、设备使用说明书、工程结算明细及报告等内容。

4.4 模型与文件管理

4.4.1 工程造价咨询单位应对 BIM 应用过程中的模型与文件进行管理，管理范围包括下列内容：

（1）模型：建设各阶段参建单位交付的模型；

（2）文件：BIM 技术标准和各阶段 BIM 应用产生的分析报告、模拟视频、渲染图片、数据表格、三维模型视图等成果文件。

4.4.2 工程造价咨询 BIM 应用技术标准的命名，应按照企业已有的标准管理办法执行，其他模型和文件的命名宜符合下列要求：

（1）命名宜包含项目、阶段、标段、专业、楼层和版本等信息；

（2）命名宜使用汉字、拼音或英文字符、数字和连字符“-”的组合；

（3）命名中使用的项目编号和专业代码等，应与建设单位的工程管理规定保持一致；

（4）在同一项目中应使用统一的文件命名规则。

4.4.3 文档、表格、图纸、模型、影像资料等的数据格式，应满足施工图归档要求和项目实施需要。

4.4.4 模型和文件的归档管理，宜结合咨询企业已有的档案管理办法或行业相关规范执行。

4.5 基于BIM的业务协同

4.5.1 基于BIM的业务协同，宜包括单专业的BIM模型创建协同、多专业的BIM业务协同、基于BIM平台的多参与方管理协同。

4.5.2 基于BIM的协同工作，应根据BIM技术标准和管理体系，结合模型创建软件、BIM数据集成与管理平台实施，以提高工作配合效率。

4.5.3 单专业的BIM模型创建协同，应制订模型共享规则，以利于模型数据的相互参考。宜利用模型创建软件有效地管理和检测模型更改内容，记录项目各阶段模型的修改和版本变化。

4.5.4 多专业的BIM业务协同，应制订模型的定期共享规则，在关键时间节点开展多专业的业务协调。多专业的BIM业务协同应符合以下要求：

（1）协同共享前明确各阶段协同目标和范围，包括对象、构件及检测标准等；

（2）记录并管理协同过程中发现的问题，形成工作报告，报告应详细描述位置信息及解决方案；

（3）在协同过程中，各方按协调一致的解决方案修改各自专业的模型；

（4）完成阶段性协同工作后，宜固化模型和文件，防止BIM模型在使用过程的多版本应用，打乱协同能力。

4.5.5 基于BIM平台的多参与方管理协同时，应在BIM模型上增加提交人员、单位、时间、模型版本等管理信息。采用不同软件创建的模型，宜通过开放或兼容的数据交换格式进行模型数据转换，实现与各参建单位模型的集成与共享。

4.5.6 为保障基于BIM的协同工作，模型数据共享规则应满足下列要求：

（1）模型元素应能被唯一识别，可在各专业和各相关方之间交换和应用；

（2）应记录共享模型的所有权状态、创建和更新者、创建和更新时间、使用的软件及版本等。

4.5.7 模型信息共享前应进行准确性、协调性和一致性检查，并应满足下列要求：

（1）模型数据须经过审核、清理；

（2）模型数据是已确认的最新版本；

（3）模型数据内容和格式符合数据互用要求。

5 设计阶段 BIM 应用

5.1 BIM 应用在设计阶段的目的

5.1.1 工程造价咨询 BIM 在设计阶段的应用目的是在方案设计、初步设计和施工图设计的各个阶段，创建可视化的 BIM 模型。通过利用 BIM 软件的统计和计算功能，实现自动处理与工程造价相关的信息数据，保证造价数据的实时性、准确性、完整性，以正确地完成工程项目全生命期的造价管理。

【说明】

设计方案比选的主要工作是针对建设项目可行性研究阶段的经济评价，需要系统分析并计算项目的效益和费用。基于 BIM 模型创建，通过多方案经济比选推荐最佳方案，对项目建设的必要性、财务可行性、经济合理性、投资风险性等进行全面评价。

5.2 BIM 应用在设计阶段的方向

5.2.1 工程造价咨询 BIM 应用在设计阶段的方向，应包括工程量计算和造价编制。其中，工程量计算应是建设工程造价管理的重要基础性工作，贯穿工程项目设计阶段的全部过程，是有效实现工程计价、造价管控与资源调配的基础。

5.2.2 工程造价咨询 BIM 的工程量计算和造价编制，可在设计 BIM 模型基础上，补充相关几何和非几何属性的数据信息，创建符合工程量计算要求的 BIM 模型；也可结合设计各个阶段图纸、历史 BIM 工程数据等创建估算、概算、预算等 BIM 算量模型，并通过与造价软件关联，完成工程量和工程造价的计算和统计。

5.3 BIM 应用在设计阶段的内容

5.3.1 设计阶段工程造价咨询 BIM 工程量计算和造价编制，宜在设计的不同阶段，完成工程估算、概算和 BIM 预算模型创建和工程量计算、造价编制工作。

5.3.2 方案设计阶段工程造价咨询 BIM 应用，应按照概念方案设计图纸、概念方案 BIM 模型，结合同类、类似或相近的工程 BIM 数据，完成 BIM 估算模型创建、工程量指标统计和投资估算编制工作。

5.3.3 初步设计阶段工程造价咨询 BIM 应用，应按照初步设计图纸或 BIM 设计模型，完成 BIM 概算模型创建、工程量计算和设计概算编制工作。

5.3.4 施工图设计阶段工程造价咨询 BIM 应用，应按照施工设计图纸或 BIM 设计模型，完成 BIM 预算模型创建，计算、汇总施工图预算工程量、工程量清单、工程预算编制，或应用 BIM 预算模型编制工程招标工程量清单、标底或最高投标限价，配合完成交易阶段的 BIM 招标工作。

5.4 BIM 应用在设计阶段的方法

5.4.1 工程造价咨询 BIM 应用在方案设计阶段，应完成工程投资估算编制并配合完成设计方案的比选。估算的编制应符合方案设计阶段工程各项技术、经济指标的要求，配合工程设计完成设计方案优化，为投资决策提供准确依据。

5.4.2 工程造价咨询 BIM 应用在方案设计阶段，应创建 BIM 算量模型、估算和统计工程量，编制投资估算。从经济角度完成对拟建设项目的设计方案分析测算，提出控制投资规模意见和建议，以及优化方案设计和限额设计依据。

5.4.3 工程造价咨询 BIM 的投资估算，应依据项目方案设计，相同工程、同类工程或类似工程的技术、经济指标数据，创建 BIM 估算模型。宜利用相同工程、同类工程或类似工程的 BIM 模型，并对 BIM 模型的技术、经济和物料等方面的数据、指标进行调用和调整，估算项目总投资。

5.4.4 工程造价咨询 BIM 的投资估算，宜采用以下造价基础数据来源：

（1）满足方案设计阶段的最终设计方案图纸；

（2）与 BIM 咨询项目相同工程、同类工程或类似工程的各专业 BIM 模型；

（3）与 BIM 咨询项目相同工程、同类工程或类似工程的造价指标或定额；

（4）与 BIM 咨询项目相同工程、同类工程或类似工程的设备、材料价格数据等；

（5）与 BIM 咨询项目相同工程、同类工程或类似工程的项目造价数据；

（6）BIM 模型建模规范；

（7）其他政府相关文件或规范等。

5.4.5 工程造价咨询 BIM 的投资估算，应采用以下实施步骤：

（1）资料收集。收集工程所在地区以及项目具体的情况，理解项目设计方案，掌握项目所包含的主要技术参数；

（2）工程量计算和指标提取。基于 BIM 模型计算并提取工程量，依据项目技术指标、经济指标、主要材料设备型号、价格，以及相同工程、同类工程或类似工程的造价数据，编制拟建工程项目的估算；

（3）调整估算。基于 BIM 模型的优化调整汇总计算工作，提出不同方案的主要材料、工程量清单和造价估算；

（4）创建 BIM 估算模型。依据工程估算信息，更新或导入设计方案 BIM 模型。

5.4.6 工程造价咨询 BIM 的投资估算，应包括以下成果文件：

（1）造价估算编制说明；

（2）投资估算分析；

（3）总投资估算表；

（4）单项工程估算表；

（5）主要技术经济指标等；

（6）宜包含不同方案的造价估算报告和建议书；

（7）宜包含项目建筑造价估算的最终 BIM 模型。

5.4.7 工程造价咨询 BIM 应用的方案选择和优化，宜通过在 BIM 模型数据中调整和替换相同工程、同类工程或类似工程的信息和数据，创建新的 BIM 估算模型，并获得不同方案的估算，基于多设计方案的估算数据，指导、调整、优化设计方案，完成限额设计。

5.4.8 工程造价咨询 BIM 应用在初步设计阶段，应完成设计概算工程量的计算和概算编制，并配合完成工程限额设计。设计概算内容须包括工程量计算和概算造价编制，概算的编制应符合初步设计阶段工程各项技术、经济指标的要求。

【说明】

利用 BIM 模型编制工程设计概算，不仅方便造价工程师及时地将工程设计方案中估算出的造价反馈给设计师，而且更有利于设计师在设计阶段的造价控制。借助 BIM 先进的工程量自动计算技术，解决传统的工程量计算耗时长，计算量过大，造价工程师不能及时向设计师反馈造价变化情况等问题。

5.4.9 工程造价咨询 BIM 应用在初步设计阶段，应完成包括 BIM 模型创建、工程量计算和设计概算编制工作。应从经济的角度完成对建设工程初步设计的经济指标分析，提出概算造价控制建议、设计优化建议和设计限额指标。

5.4.10 工程造价咨询 BIM 的概算编制，应依据初步设计图纸、初步设计 BIM 模型创建 BIM 概算模型，并通过模型关联概算定额、费用定额、材料和设备价格，编制工程设计概算。

5.4.11 工程造价咨询 BIM 的设计概算，应采用以下造价基础数据来源：

（1）工程初步设计图纸；

（2）工程初步设计阶段各专业设计 BIM 模型；

（3）BIM 模型建模规范；

（4）建筑工程概算定额或指标；

（5）建筑工程材料、设备价格信息数据；

（6）影响设计概算造价编制的其他政府相关文件或规范等。

5.4.12 工程造价咨询 BIM 的设计概算，应采用以下实施步骤：

（1）资料收集。收集工程所在地区以及项目建设位置的具体地区自然条件、社会条件、项目技术复杂度信息；

（2）审核图纸或模型。审核初步设计图纸、设计模型、技术标准，熟悉工程初步设计所包含的主要技术参数和指标，了解与工程初步设计相关的文件、合约规划文件等；

（3）模型创建。创建满足工程初步设计规范要求、与初步设计图纸或设计 BIM 模型深度一致的 BIM 概算模型；

（4）工程量计算与费用计算。调整 BIM 概算模型，汇总计算并统计概算工程量，模型关联概算定额、材料价格和设备价格数据，计算概算工程造价；

（5）概算划分。BIM 概算文件应包括单位工程概算、单项工程综合概算、建设项目总概算三级概算及相关指标；

（6）模型调整。宜依据工程初步设计、扩大初步设计等文件，及时动态调整 BIM 概算模型，调整概算造价数据，确定完整的 BIM 概算模型。

5.4.13 工程造价咨询 BIM 的设计概算，应包括以下成果文件：

（1）概算编制说明，应包括项目概况、计算范围、概算建模依据和规范、主要技术经济指标、资金来源、编制依据、其他需要说明的信息等；

（2）宜包含项目建筑造价概算的最终 BIM 模型；

（3）单位工程概算表、单项工程综合概算表、建设项目总概算表；

（4）设计概算工程量报表和编制报告；

（5）宜包括概算造价控制建议、设计优化建议和设计限额指标。

5.4.14 工程造价咨询 BIM 应用在施工图设计阶段，应完成工程量计算、工程预算编制，并配合施工审图、建立并分解工程目标成本。工作内容应包括 BIM 预算模型创建，工程量清单编制，预算造价编制，估算、概算、预算对比分析说明等。

【说明】

利用 BIM 预算模型管理，还有利于通过 BIM 模型配合施工图审核，进行多专业综合协同设计，减少各专业之间的冲突及其带来的设计变更，减少二维图纸不能发现的功能布局、建筑空间碰撞等引起的变更，并检查设计图纸的完整性，优化设计、减少变更、提高设计质量、节约投资。

5.4.15 工程造价咨询 BIM 应用在施工图设计阶段的主要工作应包括创建模型、工程量计算、编制施工图预算，调整合约规划和确定目标成本。

5.4.16 工程造价咨询 BIM 的预算编制，应依据施工设计图纸、施工图设计模型创建 BIM 预算模型，并通过模型关联预算定额、取费定额，调整人工、材料、设备与机械台班价格等数据，编制施工图预算造价。

5.4.17 工程造价咨询 BIM 的预算，应采用以下造价基础数据来源：

（1）工程施工设计图纸；

（2）工程施工设计各专业 BIM 模型；

（3）招投标、合同文件；

（4）BIM 模型建模规范；

（5）已批准的工程估算、概算；

（6）建设工程预算定额、取费定额；

（7）工程所在地的人工、材料、设备与机械台班、信息价等数据文件；

（8）影响预算造价编制的其他政府相关文件或规范等。

5.4.18 工程造价咨询 BIM 的预算，应采用以下实施步骤：

（1）资料收集。收集工程所在地区的自然条件、社会条件、环境信息；

（2）审核图纸和收集依据。审核工程施工设计图纸、设计模型的完整性，掌握施工方案、合约规划、招投标文件等，确定 BIM 预算模型边界；

（3）模型创建。创建满足施工图设计规范要求、与图纸或设计模型一致的 BIM 预算模型；

（4）汇总计算。汇总计算 BIM 预算模型、提取工程量，宜通过模型关联预算定额、费用定额、材料、设备价格信息，计算工程费用；

（5）预算划分。施工图预算应包括单位工程预算、单项工程预算、建设项目建安工程总预算；

（6）模型调整。宜依据优化或深化施工图纸，动态更新施工图 BIM 预算模型，确定最终完整的施工图设计 BIM 预算模型。

5.4.19 工程造价咨询 BIM 的预算，应包括以下成果文件：

（1）预算编制说明，内容应包含项目概况、计算范围、建模规范、编制依据、其他需要说明的信息等；

（2）宜包含项目建筑造价预算的最终 BIM 模型；

（3）单位工程预算、单项工程预算、建设项目工程总预算；

（4）施工图设计预算编制说明和编制报告；

（5）工程招投标工程量清单、标底或最高投标限价；

（6）宜包括预算造价控制建议、目标成本分解和指标分析。

6　交易阶段 BIM 应用

6.1　BIM 应用在交易阶段的目的

6.1.1　工程造价咨询 BIM 在交易阶段的应用目的，是创建 BIM 招投标模型，编制招投标工程文件，完成 BIM 可视化招投标交易，实现电子化招投标造价管理。

【说明】

基于 BIM 模型招投标是实现招标与项目合约管理协同的主要方法。通过对不同类型的项目进行分类，实现对招标内容、招标进度、招标成果文件等进行实时查看与管理，以辅助招标人实现整个项目招标过程的精细化管理，保障各招标任务顺利开展并完成。

6.2　BIM 应用在交易阶段的方向

6.2.1　工程造价咨询 BIM 应用在交易阶段的招投标模型管理，宜依据招投标文件要求，创建和提交招投标 BIM 模型。

6.2.2　工程造价咨询 BIM 应用在交易阶段的招投标价格管理，应依据 BIM 招投标文件要求，完成包括工程量清单、标底、最高投标限价、BIM 模型文件的编制。

【说明】

基于 BIM 技术的投标，咨询单位可以为委托人提供 BIM 投标服务，包括为投标人建立 BIM 模型、编制报价文件、编制进度文件。基于 BIM 模型的数据关联，可视化展示施工组织安排，以及动态模拟施工的资金资源分布情况，以及通过 BIM 应用检视商务与技术标的编辑质量，提升标书方案的整体质量等。

6.3　BIM 应用在交易阶段的内容

6.3.1　交易阶段工程造价咨询 BIM 的模型创建、工程量清单和造价编制，应按被委托业务，服务于交易过程的不同参与主体，完成 BIM 模型创建，工程量计算或复核，工程量清单编制或复核，标底、最高投标限价和投标报价编制工作。

【说明】

交易阶段工程造价咨询 BIM 的服务委托主体分为招标人和投标人，造价咨询企业在不违反《工程造价咨询企业管理办法》的第二十七条第（三）款规定（同时接受招标人和投标人或两个以上投标人对同一工程项目的工程造价咨询业务）的前提下，接受委托单位的合规委托，在交易阶段为工程项目提供 BIM 咨询服务。

6.3.2 交易阶段工程造价咨询 BIM 的招投标文件发布、回收和提交，应按照招投标要求，发布和回收招标文件，或按招标文件、BIM 模型复核工程量清单，并提交 BIM 投标文件。

6.3.3 交易阶段工程造价咨询 BIM 投标、评标和定标，应按照招投标图纸、BIM 预算模型或深化设计 BIM 预算模型，创建 BIM 招投标模型，完成工程量计算和工程量清单的编制。

6.4 BIM 应用在交易阶段的方法

6.4.1 工程造价咨询 BIM 应用在交易阶段的招标或投标模型的创建，应依据施工招投标图纸或施工图纸、设计模型或施工图预算模型创建 BIM 招标或投标模型。对于利用 BIM 预算模型招标时，BIM 投标模型应根据招投标文件信息和 BIM 评标规范进行相应调整。

【说明】

交易阶段招投标模型应根据招投标文件信息、BIM 评标规范约定进行相应调整，调整的内容包括“材质”“规格”“部位”“工程量清单规范约定”“文件格式”“文件命名”等。

6.4.2 工程造价咨询 BIM 的模型创建、工程量清单编制，应依据 BIM 招标或投标模型统一特征描述、计量单位设置、措施范围设置，以及按现行的工程量清单计价规范要求，对 BIM 招标或投标模型信息进行补充和完善，计算并汇总生成招标或投标工程量清单。

6.4.3 工程造价咨询 BIM 的标底、最高投标限价和投标报价的编制，应按照 BIM 招投标模型、工程量清单、现行工程量清单计价规范、招标文件信息或附加信息，并结合国家或省级、行业建设主管部门颁发的计价依据、标准和办法，结合材料设备市场价格、施工组织或措施方案文件等，编制分部分项工程量清单的综合单价、合价和汇总总价。

6.4.4 工程造价咨询 BIM 的标底、最高投标限价或投标报价，宜采用以下基础数据来源：

（1）满足工程项目招、投标要求的施工图纸；

（2）工程招投标要求的各专业 BIM 设计模型；

（3）工程招投标标书、合同文件；

（4）工程招投标项目要求的计算范围、算量要求等文件；

（5）工程 BIM 建模规范、施工组织方案；

（6）国家或省级、行业建设主管部门颁发的计价依据、标准和办法；

（7）人工、材料、设备与机械台班、信息价等数据或文件；

（8）工程招投标项目现场踏勘或环境资料；

（9）工程招投标项目答疑文件或补充资料；

（10）与招投标项目相关，且影响造价编制的其他政府相关文件或规范等。

6.4.5 工程造价咨询 BIM 应用的标底、最高投标限价或投标报价的工程量计算与计价，应采用以下实施步骤：

（1）资料收集。收集招投标的工程量计算和计价需要的招标设计图纸、模型和资料数据，校对数据的准确性；

（2）措施文件。收集招投标工程项目所在地的自然条件、社会条件、项目技术复杂度信息或施工组织文件；

（3）编制准备。熟悉招投标工程施工设计图纸、模型、实施方案、招投标文件等，确定造价编制范围；

（4）规则创建。依据招投标阶段工程量计算范围、招投标工程量清单要求及相关依据，确定工程量清单编制所需的构件编码体系与计量要求；

（5）模型创建。模型与清单编码匹配或复核，应用招标的施工图设计模型，确定或复核符合工程量计算要求的构件与分部分项工程的对应关系，并进行工程量清单编码匹配或复核，匹配构件与对应的工程量清单编码；

（6）完善信息。完善或修正招标或投标模型中构件属性参数，如尺寸、材质、规格、部位、工程量清单规范、其他特殊说明、项目特征、工艺做法等；

（7）确定模型。依据工程量清单计算规则，设置或修正构件重构与计算参数，确保构件扣减关系的准确，并生成满足招投标阶段工程量清单编制要求的算量模型；

（8）清单编制。按招投标工程量清单编制要求，进行工程量清单的编制或复核，完成工程量计算或复核、分析、汇总，导出符合招投标要求的工程量清单表，并详述“编制说明”；

(9) 造价编制。按招投标工程量清单、材料价格等计算最终工程造价，包括单位工程造价、单项工程造价、项目建安工程总造价，确定最高投标限价、标底或投标报价。

6.4.6 工程造价咨询 BIM 应用的模型、标底、最高投标限价或投标报价，应包括以下成果文件：

(1) 编制报告或说明，应表述招标计量或复核的范围、要求、依据、招投标往来答疑文件，以及其他内容或其他需要说明的信息等；

(2) 工程清单或报价分析表，工程量清单或报价清单明细表，应准确反映构件净量（不含相应损耗），并符合行业规范与本次计量工作要求，作为招投标依据；

(3) 工程造价，单位工程、单项工程、建设项目最高投标限价、标底或投标报价；

(4) BIM 招标或投标模型，应符合招投标相关工作要求，正确体现计量要求，须满足依据建筑空间（楼层）、时间（进度）、区域（标段）、构件属性参数准确的统计工程量数据要求，以及应能准确表达工程量计算或复核结果与相关信息。

7 施工阶段 BIM 应用

7.1 BIM 应用在施工阶段的目的

7.1.1 工程造价咨询 BIM 在施工阶段的应用目的，是提高造价管控工作效率、提升工程造价业务质量和准确性。

7.1.2 依据已审核确认的 BIM 预算模型，应关联人工、材料、设备与机械台班等价格信息，按照施工阶段 BIM 模型标准进行模型深化。

7.1.3 依据已确定的施工图 BIM 预算模型，应按 BIM 模型关联的进度、工程量清单、合同价格，进行施工过程工程量计算、进度款审核和支付。

【说明】

施工阶段的 BIM 咨询服务，可通过 BIM 模型进行合同管理，直观展现不同合同的边界范围，为变更管理、价差管理、计量支付的造价管理提供数据支撑；并可依托于 BIM 管理平台实现对合同基本信息、合同工作界面、支付条款及合同预算文件等信息的统一管理，实现合同的投资控制信息及计量支付信息的自动统计。

7.2 BIM 应用在施工阶段的方向

7.2.1 工程造价咨询 BIM 应用在施工阶段的模型管理，宜依据 BIM 预算模型，深化 BIM 模型，创建 BIM 施工模型，调整工程量计算、核算工程造价。

7.2.2 工程造价咨询 BIM 应用在施工阶段的变更管理，应按合同约定依据设计变更、签证单、技术核定单、工程联系函等相关资料，调整 BIM 模型、计算工程量和调整工程造价。

7.2.3 工程造价咨询 BIM 应用在施工阶段的造价控制，应按合约规划调整总包、分包合同金额和施工计划。宜结合工期进度、造价数据建立施工过程造价动态管理台账。

7.2.4 工程造价咨询 BIM 应用在施工阶段的资源管理，应按工程施工计划制订人工、材料、设备等采购计划、修订目标成本，提高施工实施阶段工程量计算效率和造价控制的准确性。

7.3 BIM 应用在施工阶段的内容

7.3.1 工程造价咨询 BIM 施工模型创建，应按照约定进行施工图的深化或优化设计，深化或优化 BIM 预算模型，创建 BIM 施工模型，依据 BIM 施工模型重新核算和统计工程量、完成工程合同价格。

7.3.2 工程造价咨询 BIM 的合约规划调整，宜按照重新核算后的工程量、造价，利用 BIM 施工模型、合同范围、支付条款及合同预算文件等信息，修正合约规划，编制资金计划。

7.3.3 工程造价咨询 BIM 的进度款支付，应按照合同约定和已完工程形象进度，利用 BIM 施工模型、工程量清单和综合单价，核算工程输出对应的已完工程量，核算进度支付款，汇总全专业费用，完成工程阶段进度款审核或支付。

7.3.4 工程造价咨询 BIM 的变更核算，宜依据 BIM 施工模型对比变更前后，审核变更前后的模型差异，计算工程量差，计算变更价差，登记变更台账，汇总计算变更支付价款。

7.3.5 工程造价咨询 BIM 的价差调整，宜利用 BIM 施工模型与合同、进度、清单项结合，按照不同的形象进度、进度款支付节点，在 BIM 模型上调整并输出材料、设备用量和价差。

7.3.6 工程造价咨询 BIM 的动态造价管理，宜利用 BIM 施工模型的数据进行工程动态造价管理和合同价格控制，完成工程变更、价差、结算数据等造价的动态对比分析，控制造价、纠偏投资、目标分析等工作。

7.4 BIM 应用在施工阶段的方法

7.4.1 工程造价咨询 BIM 在施工阶段，应收集相关工程项目施工资料和数据。

（1）招投标文件，合同文件；

（2）完整且准确的招投标或施工图纸、工程各专业设计 BIM 模型及其相关设计文件；

（3）BIM 施工图建模规范；

（4）已批准的工程概算、合同预算、报价明细、人工、材料、设备与机械台班等价格；

（5）工程进度报表、质量验收单、安全检查单；

（6）变更或洽商单；

（7）材料价差表、物料清单表；

（8）其他施工阶段的相关的造价资料数据，如罚款等。

7.4.2 工程造价咨询 BIM 应用在施工阶段的模型创建，应在施工图设计 BIM 模型、施工图 BIM 预算模型或深化设计 BIM 模型的基础上，依据施工组织设计、施工方案，结合工程量的输出格式和内容要求，将模型和构件分解到相应的模型细度等级，并在模型构件上附加“进度”和“造价”等相关属性信息，生成 BIM 施工模型。

7.4.3 工程造价咨询 BIM 在施工阶段的变更设计模型，可依据经确认的设计变更、签证、技术核定单、工作联系函、洽商纪要等过程资料，对 BIM 施工模型进行实时地调整与维护，保证 BIM 施工模型符合施工过程造价控制要求。

【说明】

工程变更、洽商、签证是导致项目投资失控和工期延误的主要原因，变更造价控制是施工阶段造价控制的重要工作。

7.4.4 工程造价咨询 BIM 应用在施工阶段的构件模型创建，宜在施工过程中及时创建，并按模型创建规范关联工程量清单编码、属性参数、价格信息等数据，生成符合计价要求的 BIM 模型构件。

7.4.5 工程造价咨询 BIM 应用在施工阶段的工程量计算，宜利用 BIM 施工模型，按形象进度、位置信息计算进度工程量，编制或审核工程量报表，完成工程量的计算、分析、汇总后，导出工程进度工程量报表和编制说明。

7.4.6 工程造价咨询 BIM 应用在施工阶段的造价动态调整，宜利用 BIM 施工模型，修正或执行目标成本，动态调整工程项目投资和工程造价，包括：

（1）施工过程中的招标、采购管理中采集材料、设备等数量；

（2）施工过程中的物料招标、签约计划编制；

（3）施工过程中的物料核算。

7.4.7 成果文件：

（1）工程 BIM 施工模型，应符合工程进度准确计量和支付的要求；

（2）进度报表说明，描述进度、范围、须知、依据以及其他说明信息；

（3）进度工程量报表，依据工程 BIM 施工模型输出的工程量清单报表；

（4）进度价款报表，依据合同单价、工程量报表计算的工程进度（结算）款报表；

（5）工程财务报告，依据工程进度、目标成本、合约规划编制的工程财务报告应准确反映工程投资偏差、造价动态控制偏差、目标成本偏差、纠偏措施等信息。

8 结算阶段 BIM 应用

8.1 BIM 应用在结算阶段的目的

8.1.1 工程造价咨询 BIM 在结算阶段的应用目的，是依据 BIM 施工模型创建已完工程的 BIM 结算模型。

8.1.2 依据 BIM 结算模型，完成工程结算工程量的计算、审核、统计工作，编制工程结算报告，提高工程结算工作效率。

8.2 BIM 应用在结算阶段的方向

8.2.1 工程造价咨询 BIM 应用在结算阶段的模型创建，宜依据 BIM 施工模型或施工过程通过调整完善变更、洽商产生的施工过程 BIM 模型，创建竣工 BIM 结算模型。

8.2.2 工程造价咨询 BIM 应用在结算阶段的造价管理，宜利用 BIM 结算模型关联合同清单单价、调整人工、材料、机械或设备价格以及费用，完成工程结算编制。

8.2.3 工程造价咨询 BIM 应用在结算阶段的数据管理，应利用 BIM 结算模型，补充完善模型信息，完善项目数据资料档案，形成以 BIM 模型为载体的数据资料。

【说明】

基于 BIM 技术的结算模型本身就是多维数据模型，通过与项目各类数据库建立关联，形成建设项目的估算、概算、预算、结算和结算的原始材价信息、标准构件信息等真实数据，可以方便、及时地导入或导出数据，并通过对此类数据进行分析处理，形成造价指标库、企业数据库。

8.3 BIM 应用在结算阶段的内容

8.3.1 工程造价咨询 BIM 的结算模型创建，应利用 BIM 施工模型、过程变更、补充的构件、动态修正的模型等，创建工程 BIM 结算模型或者依据工程竣工图纸重新创建 BIM 结算模型。

8.3.2 工程造价咨询 BIM 的工程结算编制，宜利用 BIM 结算模型关联合同单价，人工、材料、机械价格，工程取费等数据和信息，通过 BIM 结算模型完成最终工程量的核算后，形成完整的工程结算价格。

8.3.3 工程造价咨询 BIM 的工程数据整理，宜利用 BIM 技术的协同能力，创建完整的 BIM 结算模型数据档案，包括：

（1）宜利用结构化的工程造价管理，将项目全过程造价数据进行整理，完成缺失或不完整资料的追溯、补充，通过与 BIM 结算模型关联后，使造价数据结构化、标准化；

（2）宜利用结构化的造价成果文件进行加工分析，以建设项目投资控制为目标，或以项目造价管控为目标，对应分析工程估算、概算、预算、施工过程的造价管控目标偏差，输出数据分析模型或数据；

（3）宜针对每个项目的数据进行积累入库，建立数据标签和数据索引，标识项目类型、结构形式等信息，形成项目数字造价成果。

8.4 BIM 应用在结算阶段的方法

8.4.1 工程造价咨询 BIM 应用在竣工结算阶段，利用 BIM 结算模型进行竣工结算工程量计算、审核和统计，编制工程结算，包括：

（1）资料收集。工程结算资料的收集，应包括收集工程竣工结算需要的 BIM 施工模型、竣工图纸、招投标文件、合同文件、合同价格明细表，并审核数据的准确性；

（2）模型创建。创建工程竣工 BIM 结算模型，应在最终版的 BIM 施工模型的基础上，利用已完工程的竣工验收资料、进度结算、合同文件、建模规范、依据约定建立的 BIM 竣工模型，或依据竣工图纸等，创建 BIM 结算模型；

（3）数据审核。审核 BIM 结算模型信息，宜利用最终版 BIM 施工模型与 BIM 结算模型进行比对，审核 BIM 结算模型信息的一致性和完整性；

（4）完善模型信息。通过审核或调整完善 BIM 结算模型，应对竣工结算阶段中产生的新构件，完善构件属性参数并生成符合工程量计算要求的构件模型；

（5）工程量报表。编制项目工程结算工程量报表，应通过利用审核或校验后的 BIM 结算模型，编制并输出结算工程量报表；

（6）报表说明。应利用工程结算过程中的计算、分析、汇总工程量工作，导出完整、全面的结算工程量报表后，编制结算报表说明，可准确描述工程量表的计算范围、内容和引用规范等；

（7）结算报告。编制工程竣工结算报告，应依据审核确认后的 BIM 结算模型，以及模型的相关信息，编制工程结算书、结算确认单和结算报告；

（8）数据库创建。应利用 BIM 结算模型中的结构化数据、可视化功能，整理工程估算、概算、预算、结算全过程造价数据，创建项目数据库。

8.4.2 成果文件：

（1）工程项目 BIM 结算模型，BIM 结算模型应准确表达工程结算工程量，包括空间（楼层）、时间（进度）、区域（标段）、构件属性参数等工程结算的主要信息；

（2）工程结算工程量报表，依据 BIM 结算模型输出工程结算工程量报表；

（3）编制工程项目结算书，利用工程 BIM 结算模型，输出单位工程、单项工程、工程项目总结算书和结算明细表；

（4）编制工程结算报告，通过利用 BIM 结算模型编制工程结算报告，内容包括结算工程计量范围、依据、要求、计价规范及其相应文件等；

（5）工程标准化数据，依据 BIM 结算模型导出的分部分项工程、单位工程、单项工程等数据，创建专业工程指标、项目整体指标，人工、材料、机械设备用量指标等数据，形成工程标准化数据。

附录A 本指南用词说明

A.0.1 为便于在使用本指南条文时区别对待，对要求严格程度不同的用词说明如下：

（1）表示很严格，非这样做不可的：

正面词采用“必须”，反面词采用“严禁”；

（2）表示严格，在正常情况下均应这样做的：

正面词采用“应”，反面词采用“不应”或“不得”；

（3）表示允许稍有选择，在条件许可时首先这样做的：

正面词采用“宜”，反面词采用“不宜”；

（4）表示有选择，在一定条件下可以这样做的，采用“可”。

A.0.2 本指南条文中指明应按其他有关标准执行的写法为“应符合……的规定”或“应按……执行”。

附录B 案　　例

通过工程造价全过程咨询 BIM 应用和实践证明，工程造价咨询企业在面对诸多的不确定环境和因素下，咨询业务仍能保持稳定增长，企业的综合竞争力、咨询服务能力和服务质量持续不断提升，主要表现如下：

（1）企业综合竞争力大幅提升。工程造价咨询企业通过数字化咨询业务应用，业务协同能力、工作效率及企业的市场综合竞争实力都能得到大幅提升。

（2）咨询服务能力显著增强。工程造价咨询企业通过在全过程造价咨询服务中利用 BIM 技术服务于委托单位，企业自身的数据采集、分析能力得到进一步增强，使咨询业务范围扩大到工程设计阶段，提升了工程造价咨询企业的服务能力。

（3）咨询服务质量不断改善。工程造价咨询企业通过利用 BIM 技术，在咨询服务过程中产生的造价大数据，支撑企业标准化咨询业务，使工程造价咨询企业的服务质量不断得到提高。

B.1　工程全过程 BIM 咨询服务案例

B.1.1　广州易达：中山大学附属第五医院中心绿地停车库综合工程

1. 项目概况

广州易达建信科技开发有限公司（以下简称“广州易达”）在中山大学附属第五医院中心绿地停车库综合工程项目（以下简称“本项目”）中承接了全过程 BIM 咨询服务。本项目总建筑面积约 7.5 万 m^2；框架结构共 7 层，地下 4 层，地上 3 层；项目总工期 17 个月。

2. 应用范围

广州易达按客户委托服务要求，应用 BIM 技术为本项目提供从设计、交易、施工到结算的全过程 BIM 咨询服务，其中：

（1）设计阶段 BIM 应用。按客户的委托要求在本项目中应用 BIM 技术创建 BIM 模型，配合完成设计方案比选。按设计方案计算工程量、形成指标数据，分析造价的合理性，并基于 BIM 模型进行设计方案优化，编制初步设计概算。

（2）交易阶段 BIM 应用。招标阶段，依据设计图纸创建并提供高质量的招标 BIM 模型。通过深化施工图设计，输出深化设计图纸、招标工程量清单和最高投标限价等文件。评标阶段，针对投标人报价进行清标，生成清标报告，完成招标工作。

（3）施工阶段 BIM 应用。施工过程中为客户提供项目的动态投资控制，监控工程实时进度、审批金额、已付金额、变更金额等数据，为客户决策提供支持。

（4）结算阶段 BIM 应用。项目结算期内，应用 BIM 技术对本项目的实施工程结算审核，完成工程结算工作。

（5）数据资产管理。基于本项目全过程咨询服务，将本项目的成本数据档案，如立项可研、方案比选、初步设计、施工图设计、招标投标、施工过程结算、竣工结算等数据，进行数字化处理后，形成企业数字资产移交于客户，全过程咨询服务方案如图 B. 1. 1-1 所示。

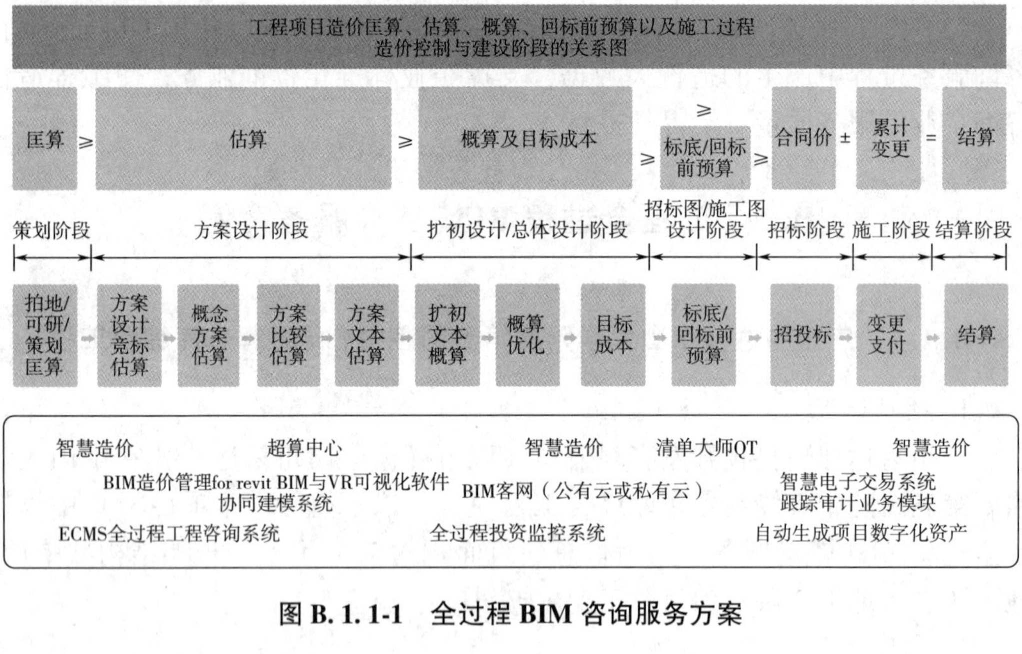

图 B. 1. 1-1 全过程 BIM 咨询服务方案

3. 应用目的

（1）设计阶段按客户的要求，解决协同设计、设计优化和成本测算等难题。

1）协同设计，本项目体量大、专业多、专业人员分散，需要 BIM 工程师与驻场实施人员及时沟通交流并反馈信息，完成多专业协同设计和建模。

2）设计优化，针对建设方对项目的功能分区、通道的净高要求、检修空间、管线综合的调整，优化和深化设计，减少后续的工程返工等问题。

3）成本测算，应用企业造价数据，快速、精准地编制本项目前期估算和设计概算。

（2）招投标，协助客户在短时间内，快速完成招标工程量计算、组价和评标、定标等工作。

（3）施工阶段，针对本项目总、分包多专业施工，多参与方协同作业解决项目进度、质量、安全、成本等多参与方协同管理问题。

（4）结算阶段，针对本项目竣工阶段所涉及的资料多、项目数据量大、结算编制工作复杂等，快速、准确地完成工程结算。

基于咨询服务范围和目的，广州易达针对本项目制订了全过程 BIM 咨询服务业务流程、制度等规程，如图 B. 1. 1-2 所示。

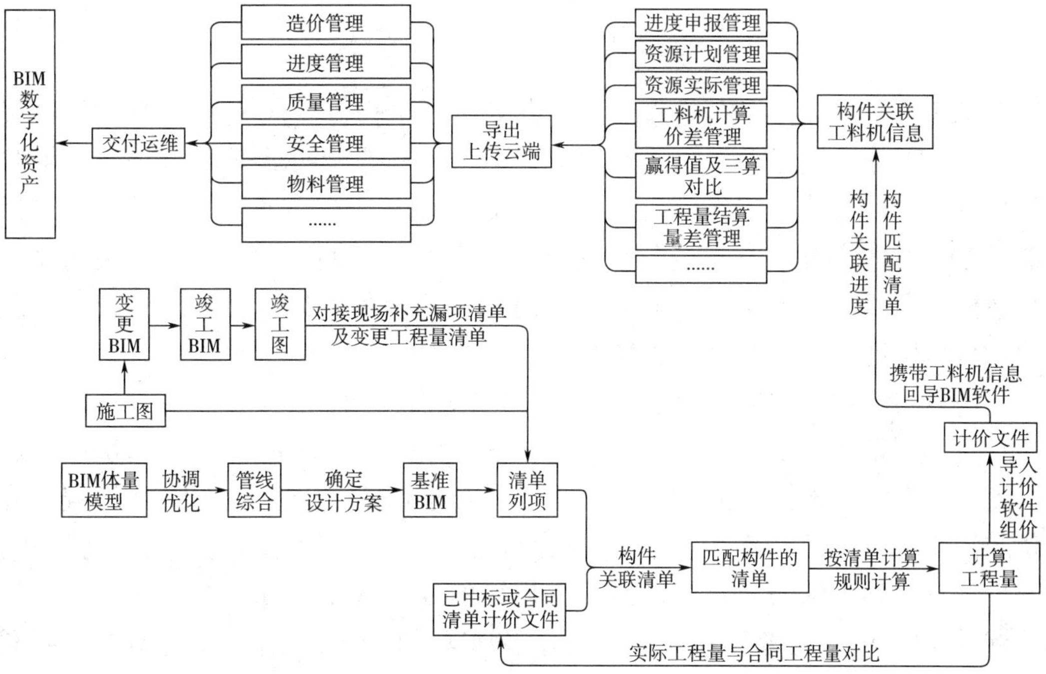

图 B. 1. 1-2 全过程 BIM 咨询服务业务流程

4. 实施过程

（1）全过程 BIM 咨询服务在设计阶段的应用。

1）协同设计。广州易达在全过程 BIM 咨询服务过程中，依客户的委托需求，与设计院协同工作。通过创建 BIM 效果图模型并与 VR 可视化合成应用，让建设方能通过 360°沉浸式体验拟建项目的设计效果，辅助委托单位快速比选和确定设计方案，如图 B. 1. 1-3 所示。

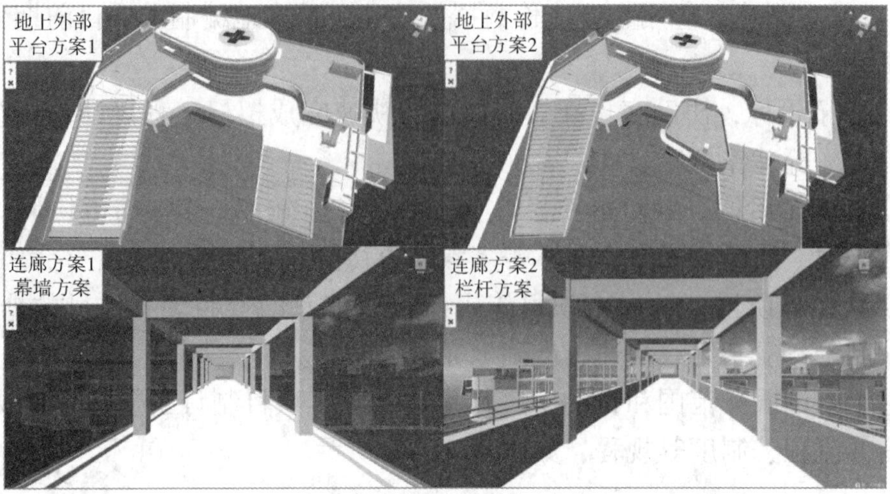

图 B. 1. 1-3　BIM 设计方案比选

基于已定的设计方案实施设计、咨询协同工作，完成 BIM 建模和设计优化工作。工作的过程中，广州易达实施了广州和珠海两地现场的 BIM 工程师同步参与设计与建模工作，BIM 工程师根据咨询方案开展协同建模业务，保证了 BIM 模型数据、项目资料的完整传递和共享互用。同时，通过协同设计与建模，项目实施人员可实时、清晰地检视项目的建模进度、任务权重、质效考核，保证了项目 BIM 咨询服务质量和进度。

2）设计优化。随着建设方对项目的增值需求调整，基于二维设计图纸不能直观、清晰地表现设计和施工情况，咨询服务团队通过 BIM 技术快速完成本项目全专业三维模型的创建，让设计人员能够在三维环境下全面检查、优化和深化工程设计，解决设计碰撞的问题，实现管线综合优化、净高优化，减少项目在施工中的变更，提高施工现场的生产效率，降低施工协调成本和工期延误的风险。基于 BIM 模型，输出本项目的最终深化设计图纸，如图 B. 1. 1-4 所示。

3）成本测算。在本项目成本控制中，基于项目前期没有设计图的条件下，广州易达通过企业智慧造价系统，将公司咨询服务过程中沉淀和积累的历史项目数据，通过委托单位确定的设计方案所生成的基准 BIM 模型进行关联，高效、精准地编制出项目前期的投资估算和概算，并利用造价数据系统对方案、成本及效益对比分析，建立本项目目标成本，如图 B. 1. 1-5 所示。

图 B. 1. 1-4 BIM 模型深化优化设计

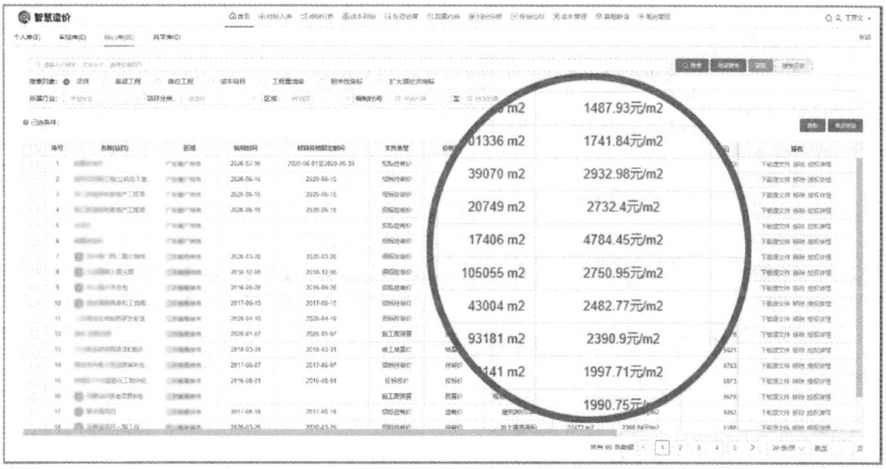

图 B. 1. 1-5 基于 BIM 模型的成本测算

（2）全过程 BIM 咨询服务在交易阶段的应用。

1）工程量计算。快速、准确地完成本项目的工程量计算与统计工作，准确输出本项目的招标工程量清单，完成本项目合约规划工作。根据深化和优化设计后基准 BIM 模型，将模型构件与工程量清单建立关联，利用轻量化的 BIM 模型，实现基于云端跨地域、跨平台、跨终端的多业务应用。

2）工程计价。基于 BIM 技术，广州易达在项目全过程咨询中，通过使用清单软件与 BIM 数据联动，完成 BIM 的招标标底和最高投标限价全成本自动组价，实现基于 BIM 模型分部分项费用、措施项目费用、其他项目费用、规费、税金等全费用计算，保证招标工程量清单的完整性和准确性，如图 B. 1. 1-6 所示。

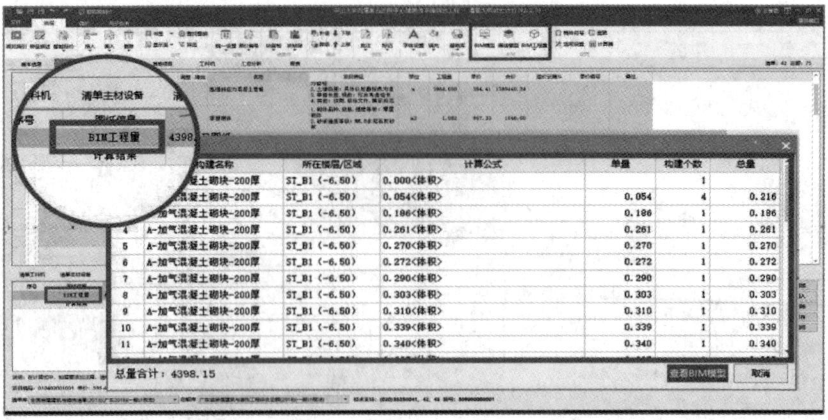

图 B. 1. 1-6　BIM 招标全费用模型示意

3）评标、定标。由于本项目工期紧、招投标工作量大，需要在较短的时间内完成总包、分包、供应商等招标签约工作。广州易达充分利用公司的造价管理系统，对所有投标人的报价组成、材料用量、材料设备价格等进行多维度分析，快速完成清标报告的编制，配合建设单位在较短的时间内完成本项目的招标和签约工作，报价分析如图 B. 1. 1-7 所示。

图 B. 1. 1-7　基于 BIM 模型的报价分析

（3）全过程 BIM 咨询服务在施工阶段的应用。

施工阶段基于 BIM 模型，广州易达利用企业全过程跟踪审计系统，将本项目的概算价、预算价、合同价、动态造价以及各单位审批金额进行实时对比和投资分析，准确预测项目投资变化趋势，控制每一笔变更对总投资产生的影响，如图 B. 1. 1-8 所示。

1）变更管理。变更管理是项目成本管理的重要环节，承包人通过将变更后的 BIM 模型上传到系统中，咨询服务团队利用系统自动将变更 BIM 模型与

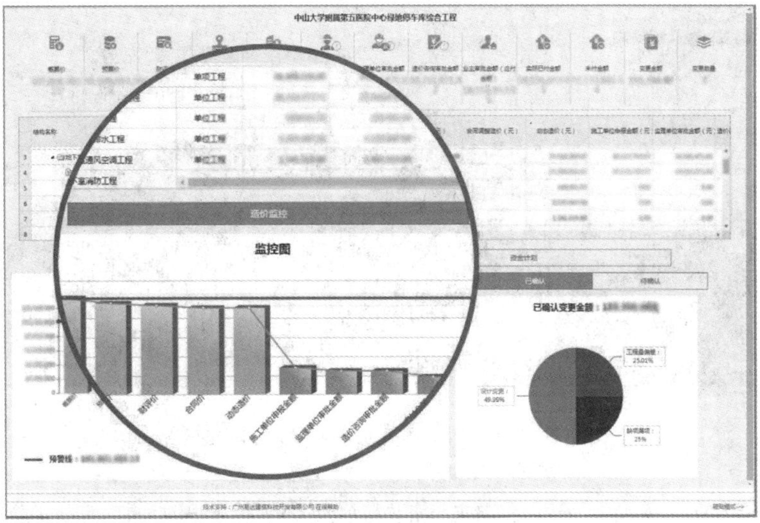

图 B. 1. 1-8 动态成本监控系统

目标成本 BIM 模型进行对比，计算变更前与变更后的工程量和造价变化的差异，形成变更单，快速完成变更费用计算和统计，如图 B. 1. 1-9 所示。

图 B. 1. 1-9 基于 BIM 的变更管理

2）支付管理。在进度支付过程中，承包人通过上传 BIM 进度模型，系统自动生成施工过程结算书（包括本次支付工程量、分部分项费用、措施项目费用、规费、税金等），完成进度结算的快速核算和支付，如图 B. 1. 1-10 所示。

3）进度管理。基于 BIM 的进度管理中，本项目采用计划施工进度与实际施工进度双模合一窗口对比，使项目管理团队清晰、直观、实时地了解工程进度偏差，保证工程如期交付。

4）质量、安全管理。在质量、安全检查过程中，通过移动终端现场扫描构件的二维码，将构件存在隐患问题的照片、视频、语音及相关附件资料上

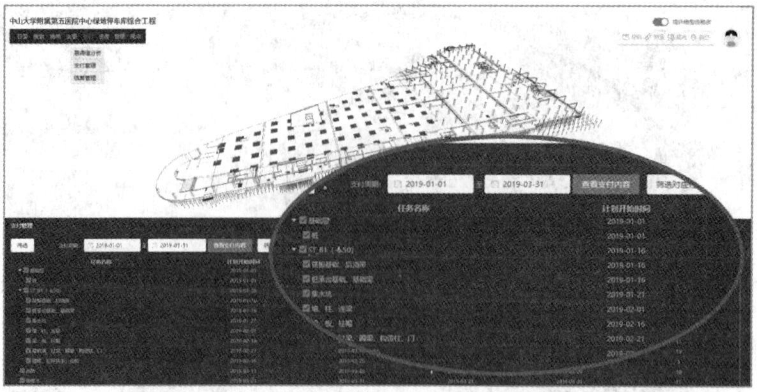

图 B. 1. 1-10　基于 BIM 的支付管理

传，形成整改单。整改后的结果自动回传到模型构件，用户可以在模型中随时了解，施工过程中的安全隐患、质量问题和整改情况。

（4）全过程 BIM 咨询服务在结算阶段的应用。

基于全过程咨询 BIM 模型，将设计、招标、施工阶段的造价数据集成后，形成本项目的竣工 BIM 模型。利用 BIM5D 项目管理平台，将变更、签证、索赔、支付、进度、质量、安全等数据一并关联在 BIM 模型中。利用 BIM5D 模型处理工程结算工作，使工程结算工作变成简单的数据统计和汇总工作，极大提高了竣工结算文件编制的效率和质量，杜绝了项目结算的扯皮情况发生。

5. 应用总结

本项目建安工程费 2. 54 亿元，通过采用从设计到竣工全过程 BIM 咨询服务，成功地解决了本项目专业多、工期紧、多方交叉协调应用、阶段性结算频繁、进度管理及现场协调难度大等难题。节省建设投资 2 350 万元，工期提前 185 天，如图 B. 1. 1-11 所示。

序号	BIM应用阶段	BIM应用方面	节约成本	节约工期
1	设计阶段/施工阶段	BIM协同工作，免除设计、现场沟通不畅顺	102万	25天
2	设计阶段	设计方案比选及优化、图纸审查、全专业碰撞检测及管综优化，排除碰撞、净高等设计导致的变更问题	1373万	63天
3	设计阶段	支吊架方案设计	61万	10天
4	造价工作阶段	设计模型直接出预算、成本	57万	12天
5	施工阶段	敲定方案BIM出图及现场可视化技术交底自动逐渐形成竣工图	88万	17天
6	施工阶段	BIM 模型深化及施工方案模拟比选	490万	29天
7	造价工作阶段	全过程款项跟踪直到竣工结算	175万	29天
	合计		2350万	185天

图 B. 1. 1-11　全过程 BIM 咨询服务应用价值示意

B.1.2 北京北咨：密云区某水利工程BIM应用项目

1. 项目概况

北京北咨工程咨询有限公司（以下简称“北京北咨”）参建了密云区某水利工程（以下简称“本项目”），为客户提供全过程BIM咨询服务业务。本项目为北京市2019年水务工程重点项目，建设地点位于北京市密云区石城镇，共5条河道的修复治理，总长度约36.6km，包括河道疏浚整理工程、岸墙水毁修复工程、漫水桥改建工程等。项目概算投资6 214.42万元，合同工期200天。

2. 应用范围

北京北咨按客户委托服务要求，应用BIM技术为本项目提供从交易、施工到结算全过程BIM咨询服务。

（1）交易阶段BIM应用。依据招标图纸绘制BIM模型，并进行工程量计算，编制最高投标限价。

（2）施工阶段BIM应用。施工阶段通过目标成本、合约管理、合同管理、计量支付和动态成本控制，为客户提供全过程的造价咨询服务和决策支持。

（3）结算阶段BIM应用。利用BIM5D平台对工程结算中的变更、洽商、材料价差和合同价格进行审核，快速完成工程结算。

3. 应用目的

（1）工程交易阶段，通过应用BIM技术，提高招标、评标、定标的工作效率，快速完成签约工作。

（2）施工阶段，通过BIM技术的应用，强化疫情期间的项目管理能力，三维施工技术交底，实时监控施工现场和问题处理情况，提高项目管理沟通的效率。利用BIM5D平台将工程进度、资源、投资、合同、招投标等集成管理，实现动态成本管理，确保投资安全。

（3）结算阶段，实现快速出量结算，减少争议，利用过程中对变更、洽商的及时处理结果，随时输出各类工程的结算成果。

4. 实施过程

（1）全过程BIM咨询服务在交易阶段的应用。

1）工程量计算。本项目招标阶段应用广联达BIM市政计量GMA2018软件，依据招标图纸创建算量BIM模型，再与BIM5D咨询平台软件结合，实现快速、全面、准确地完成工程量的计算、统计和清单编制，算量应用如图B.1.2-1所示。

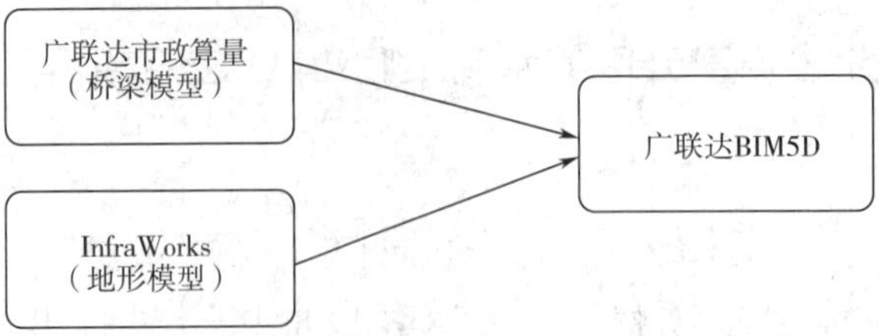

图 B. 1. 2-1　BIM 市政计量应用示意

2）标前答疑和评标、定标。在回标前通过利用 BIM 模型与 BIM5D 平台相结合方式，组织投标人进行标前答疑。通过直观三维模型清晰地呈现工程现场及周边情况，使投标人准确地接收到平面二维图纸或口头描述难以理解的异形结构，使投标报价合理、准确。

通过利用模型标前交底和答疑，为本项目的评标、定标工作带来了极大的便利，使评标和签约工作在较短的时间内完成，为工程建设争取了合理的工期，项目现场展示如图 B. 1. 2-2 所示。

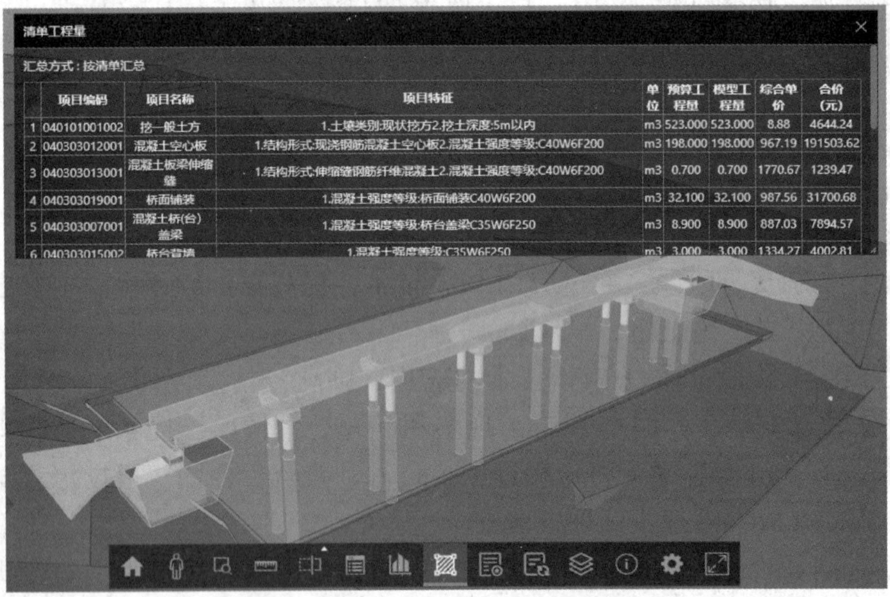

图 B. 1. 2-2　BIM 招投标现场模型展示

（2）全过程 BIM 咨询服务在施工阶段的应用。

本项目实施过程中，通过应用 BIM5D 平台导入项目概算、合同预算、现场变更洽商、期中支付、项目结算等数据，使项目各个参与方从不同授权维度获取相应的数据，实时检视合约执行情况。

1）目标成本控制。基于 BIM5D 平台系统，通过将项目投资估算、设计概算等统一载入平台，实现项目过程成本数据多节点对比，建设方全面了解成本的构成过程，避免多版本造价应用混乱和目标成本管理失常的情况发生，如图 B. 1. 2-3 所示。

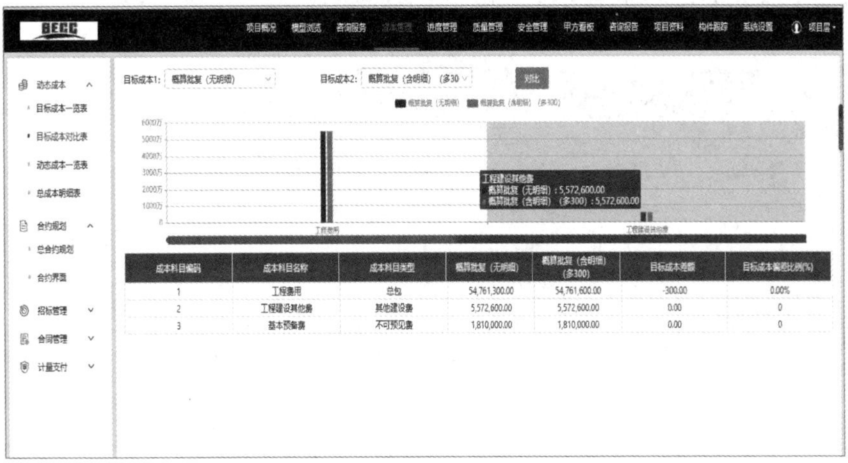

成本科目编码	成本科目名称	成本科目类型	概算批复（无明细）	概算批复（含明细）（多300）	目标成本差额	目标成本偏差比例(%)
1	工程费用	总包	54,761,300.00	54,761,600.00	-300.00	0.00%
2	工程建设其他费	其他建设费	5,572,600.00	5,572,600.00	0.00	0
3	基本预备费	不可预见费	1,810,000.00	1,810,000.00	0.00	0

图 B. 1. 2-3 基于 BIM 的目标成本管理示意

2）BIM 合约管理。本项目通过利用 BIM5D 平台进行合约规划，将项目的全部参建合同统一管理，使客户利用 Web 端即可清楚地查看到全部合同，如图 B. 1. 2-4 所示。

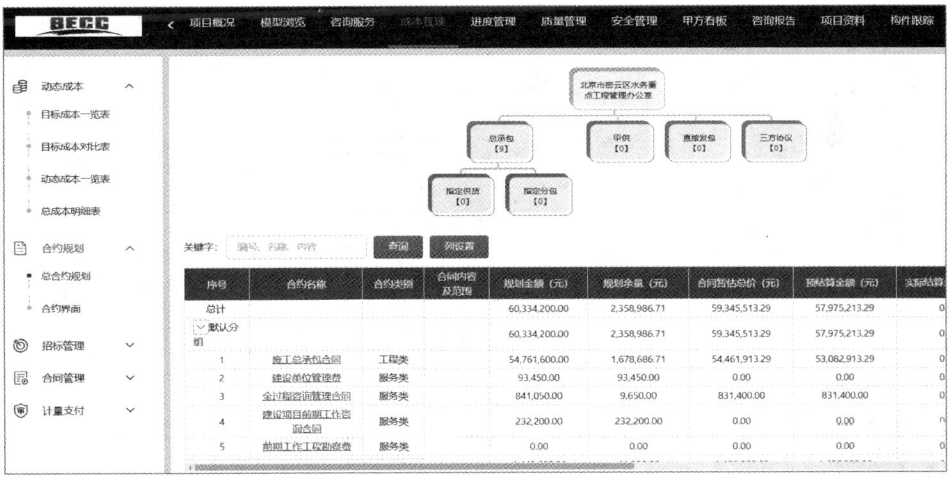

序号	合约名称	合约类别	合同内容及范围	规划金额（元）	规划余量（元）	合同暂估总价（元）	预结算金额（元）	实际结算
总计				60,334,200.00	2,358,986.71	59,345,513.29	57,975,213.29	0
默认分组				60,334,200.00	2,358,986.71	59,345,513.29	57,975,213.29	0
1	施工总承包合同	工程类		54,761,600.00	1,678,686.71	54,461,913.29	53,082,913.29	0
2	建设单位管理费	服务类		93,450.00	93,450.00	0.00	0.00	0
3	全过程咨询管理合同	服务类		841,050.00	9,650.00	831,400.00	831,400.00	0
4	建设项目前期工作咨询合同	服务类		232,200.00	232,200.00	0.00	0.00	0
5	前期工作工程勘察费	服务类		0.00	0.00	0.00	0.00	0

图 B. 1. 2-4 BIM5D 项目合约规划

通过将项目的合同信息，如合同价格、付款条件、支付数据等重要信息的录入，通过对不同人员的使用授权，使合同相关方的人员可以随时查看所需的合同条款。基于 BIM5D 平台，将项目合同与项目执行过程中的支付数据联动，使建设方可以随时、随地利用授权终端设备查看合同的执行情况，实时监控项目合同和成本执行情况，如图 B. 1. 2-5 所示。

图 B. 1. 2-5　BIM5D 合同管理

3）计量支付和动态成本控制。项目实施过程中，利用 BIM5D 系统平台，基于 BIM 模型和进度的关联，对施工单位申报的进度工程量可以快速提取和审核，生成产值明细数据和审核支付证书，快速、准确地完成进度款的审批工作，如图 B. 1. 2-6 所示。

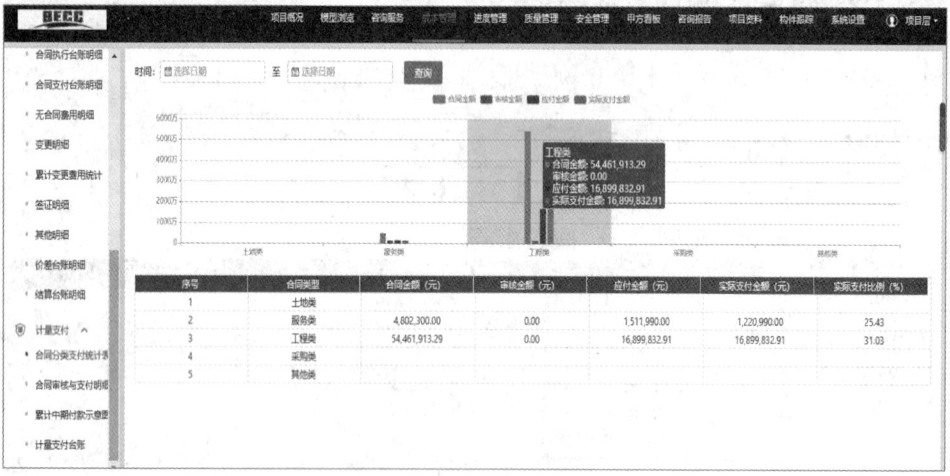

图 B. 1. 2-6　进度工程量审核和支付

同时，咨询服务过程中，利用 BIM5D 平台的成本管理，将项目前期的估算、概算、预算、合约和工程进度款、变更支付等统一管理并自动生成项目的动态成本台账，使客户能够更加直观地看到项目实际成本支出和目标成本节、超情况，使项目成本处在实时监控状态之下，为客户的投资决策提供支持，如图 B. 1. 2-7 所示。

图 B. 1. 2-7 BIM5D 动态成本管理

（3）全过程 BIM 咨询服务在结算阶段的应用。

在本项目的咨询服务中，基于 BIM5D 平台对项目前期招标、合约、过程成本控制，使工程成本数据处于完全的控制之中。通过 BIM5D 系统平台的数据处理功能，使项目实施过程中存留的各类数据实时更新，基于承包商上报的工程结算进行审核对比，极大地降低了工程结算审核工作，业务人员快速地完成与承包商的结算成果确认工作，也为后续工程决算及后评价等留下完整的数据追踪记录，如图 B. 1. 2-8 所示。

图 B. 1. 2-8 基于 BIM5D 的项目结算档案

5. 应用总结

本项目通过利用 BIM 技术为客户提供咨询服务，与同时、同地域开展的同类采用传统管理模式的项目对比，应用 BIM 技术带来了显著的经济效益。本项目实施阶段节约联络时间近 55%，节约业务经费 62% 以上，咨询满意度提升近 66%，节省人力费用 53% 以上，项目相关人员工作协同能力明显提高，全过程咨询服务优势和效益显著。

B.1.3 中竞发：双新村棚户区改造项目回迁安置房（一期）项目

1. 项目概况

中竞发工程管理咨询有限公司（以下简称“中竞发”）作为全过程 BIM 咨询服务单位，参与建设了北京双新村棚户区改造项目回迁安置房（一期）项目（以下简称“本项目”）。本项目包括 5 栋住宅楼及地下车库；总建筑面积 50 115m^2，框剪结构，装配式建筑；项目工期 23 个月，建安投资约 2.1 亿元。

2. 应用范围

中竞发依据业主委托合同要求，为本项目提供设计、交易、施工、结算阶段的全过程 BIM 咨询服务。

（1）设计阶段 BIM 应用。针对工程初步设计和深化设计图纸，进行建模算量、计价和优化分析。

（2）交易阶段 BIM 应用。配合业主完成基于 BIM 模型的工程招标管理工作。

（3）施工阶段 BIM 应用。利用 BIM5D 平台，配合业主实施工程合约管理、变更管理、计量支付、动态成本控制等工作。

3. 应用目的

（1）设计阶段，利用 BIM 技术创建 BIM 模型，优化设计方案，实施三维图纸审查，减少工程变更洽商。

（2）招标阶段，通过 BIM 模型输出招标工程量清单，完成回标报价的清标工作。

（3）施工阶段，提高协同管理效率、保证工期进度和成本管控目标。

4. 实施过程

（1）全过程 BIM 咨询服务在设计阶段的应用。

按照建设方的委托，在本项目设计阶段应用 BIM 技术创建模型，并利用 BIM5D 咨询平台系统，对本项目进行目标成本估算，完善目标成本的科目、类型、金额及工程业态成本数据，建立动态台账，实现项目成本实时统计、自动分析。

依据设计院提交的施工图纸对已创建的BIM模型进行完善，利用BIM三维模型对施工图纸进行三维审图，通过碰撞检查，提前发现施工中的碰撞问题，配合设计院进行图纸优化，避免了施工过程中的返工和变更。同时，利用MagiCAD插件配合设计精准预留洞口，极大地提升了施工质量和效率，如图B.1.3-1所示。

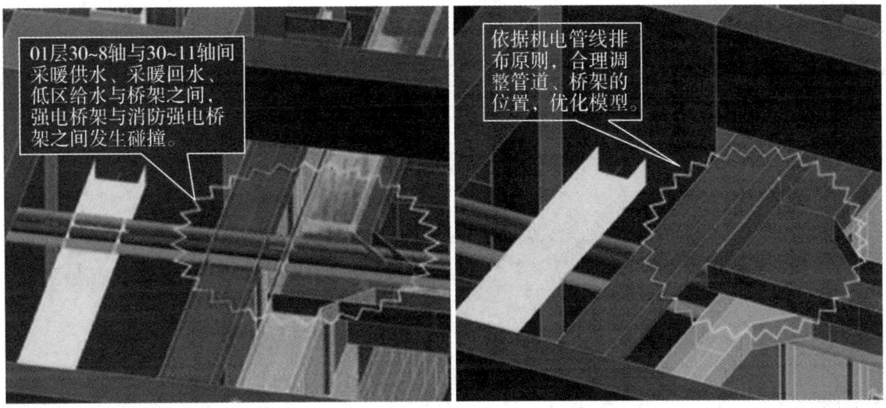

图B.1.3-1 BIM模型碰撞检查及优化

（2）全过程BIM咨询服务在招投标阶段的应用。

工程招标过程中，招标程序多、招标过程烦琐，且多个招标工作同时进行，为招标管控工作带来极大的挑战。本项目基于BIM技术，在本项目招标过程中，利用品茗土建算量和MagiCAD机电算量模块进行工程量的计算和统计，实现了一模多用，快速提取招标工程量和完成了编制招标工程量清单、最高投标限价的工作。

同时，招标过程中，通过针对本项目招标管理工作采用专人负责与建设单位对接业务的方式，保证招标过程信息的准确和及时录入。利用BIM5D平台对招标管理中各个环节的进展情况进行跟踪，使招标工作中，如负责人、时间节点、招标动态均能在BIM5D平台直观展示，实现建设方对招标进程的精准把控，如图B.1.3-2所示。

（3）全过程BIM咨询服务在施工阶段的应用。

本项目在施工过程中，基于BIM5D平台系统，针对目标成本、施工阶段的过程数据进行实时监控，实现对合约、变更、签证、进度款等动态管理，保证项目成本控制。

1）合同管理。随着合同的签订，基于BIM5D平台创建合同管理台账，并录入合同信息，如签订形式、合同预算、合同附件等，通过统一进行上传

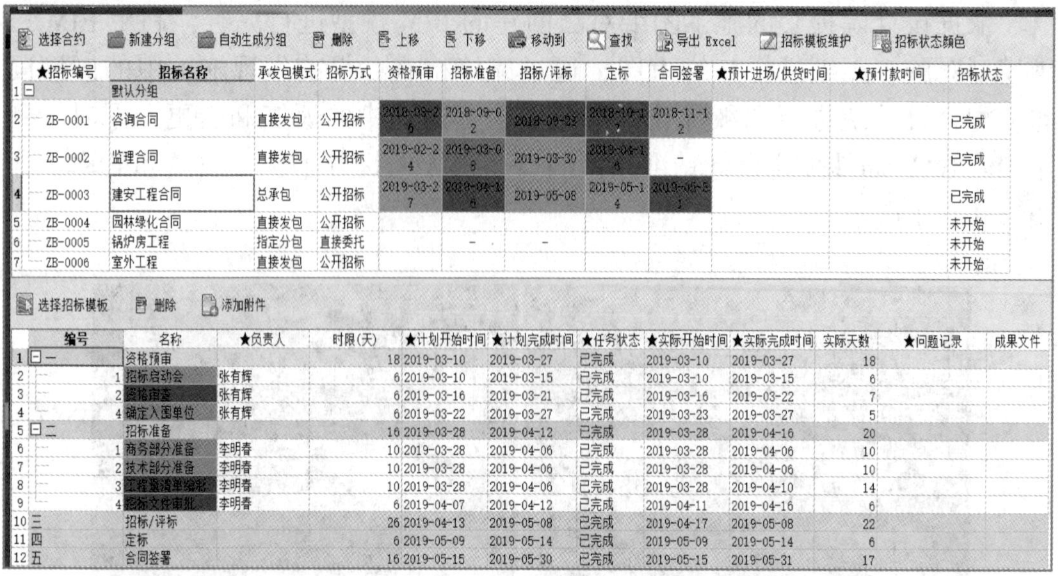

图 B. 1. 3-2　基于 BIM5D 的工程招标管理

管理，且将合同台账和目标成本建立关联关系，实现数据联动。通过系统的自动对比分析功能，直观展示合同费用执行和变动情况，实时在线记录变动过程，以保证动态成本管理的时效性和准确性，使合同管理工作效率提升近 30%，如图 B. 1. 3-3 所示。

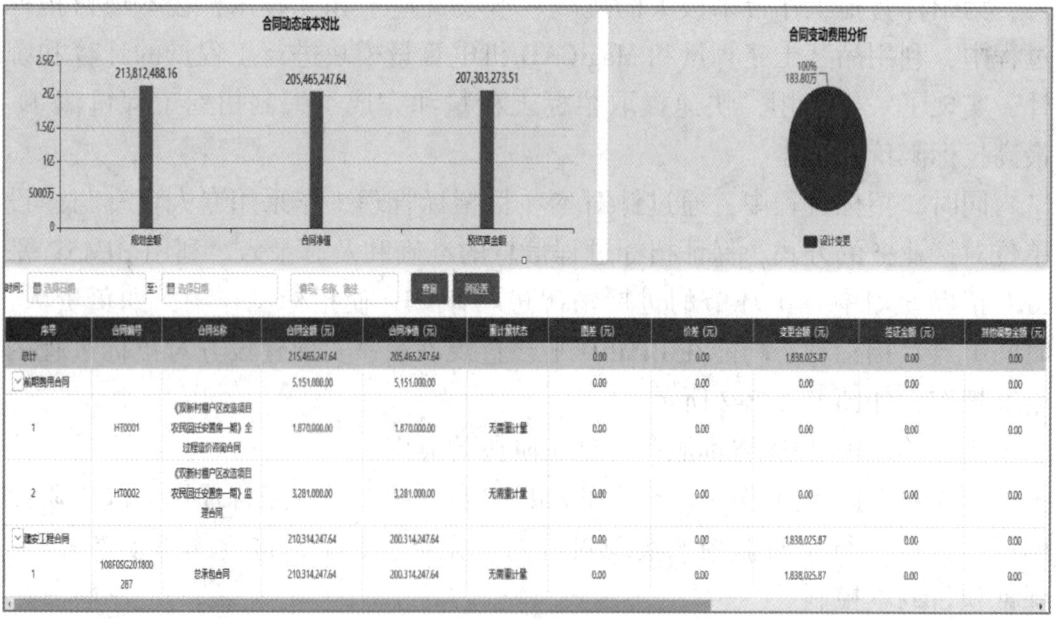

图 B. 1. 3-3　合同动态管理系统

2）变更管理。针对项目施工过程中发生的变更，业务人员在接收到项目的变更通知后，通过上传变更通知单、变更费用等资料信息到 BIM5D 平台，明确变更四方审核时间及人员，建立变更和合同的关联，实现对变更流程及过程资料的统一管理，直观查看变更的有效状态，包括预变更、正式变更、无效变更。同时，快速统计出变更金额，保证项目变更数据的准确性，也保证后续项目变更推进，清晰记录变更过程，保证了变更过程可追溯，如图 B. 1. 3-4所示。

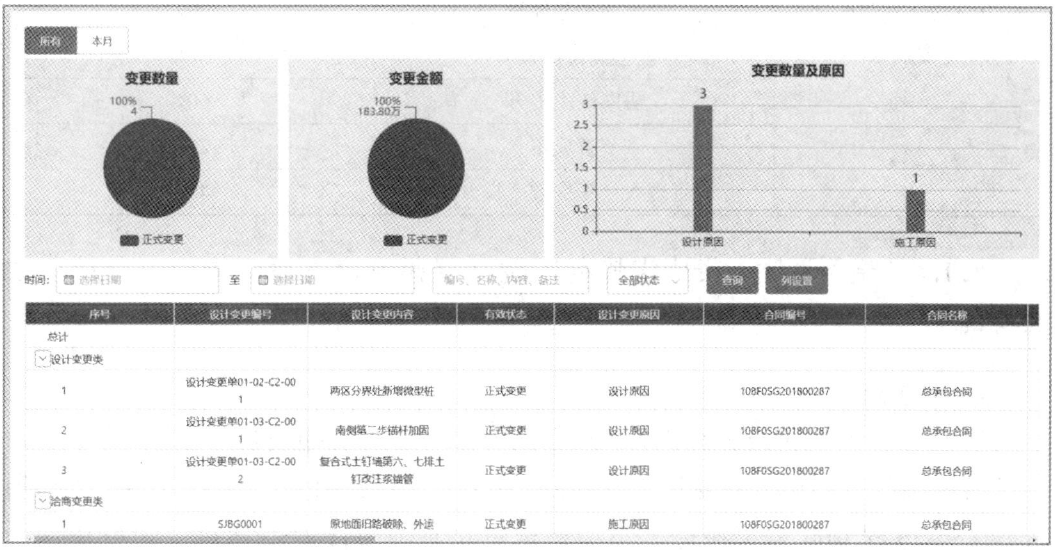

图 B. 1. 3-4 工程变更管理

3）工程进度支付。针对项目的进度款的审核与支付，咨询服务过程中，基于 BIM 模型和时间进度，对上报的进度款模型进行工程量提取，依据实际形象进度，快速和精准地统计和调整进度工程量，生成中期支付的计价文件，并上传支付台账。项目进度报量可以多维度统计，如按照构件的类型等。业务人员基于平台系统对比分析，可以及时了解项目的成本节、超情况，并出现预警提示，保证成本数据的准确性。

4）动态成本管理。基于项目在前期设定的目标成本与项目施工阶段合同费用、变更签证费用等数据关联，随着合同、变更签证费用的不断发生，成本数据也随之变化。咨询服务中利用 BIM 模型与清单的关联，结合进度计划与实际进度以及合同与变更费用的联动关系，通过用户授权，建设方可以在 BIM5D 平台直接查看本项目的成本明细和变化趋势，保证成本的动态实时管控的有效和合理。

5. 应用总结

本项目利用 BIM 模型与 BIM5D 平台相结合，针对项目设计阶段、交易阶段、施工阶段的合同管理、计量支付、动态成本控制等相关应用，咨询效率明显提升，比较传统项目管理咨询，价值如表 B. 1. 3 所示。

表 B. 1. 3　全过程造价咨询 BIM 价值分析

	项　目	与传统作业方式比较节约（提升）的比例
BIM 应用取得的主要效果	节约沟通时间	30%
	节约业务经费	30%
	业主满意度提升	50%
	协同效率提升	60%
	节省成本	25%
	管理人员工作效率提升	40%

B. 1. 4　贵州百胜：贵州省骨科医院（贵州省康复医学中心）新院区建设项目

1. 项目概况

贵州百胜工程建设咨询有限公司（以下简称“贵州百胜”）承接了贵州省骨科医院（贵州省康复医学中心）新院区建设项目（以下简称“本项目”）全过程 BIM 咨询服务。本项目是贵州省卫生厅重点项目，建设用地面积 55 949m^2，总建筑面积 138 944m^2，投资金额 7. 70 亿元，项目建成后医院床位数达到 1 000 张，项目于 2018 年 9 月开工，采用设计、施工总承包（EPC）模式。

2. 应用范围

（1）设计阶段 BIM 应用。结合复杂的专业和系统关系，利用 BIM 模型达到机电深化设计的目的，从而指导现场施工。利用设计模型转化为算量模型，编制设计概算，实现前期的成本控制。

（2）施工阶段 BIM 应用。实现整个建设期工程造价的动态管控，对多主体参与项目的全过程工程造价进行控制。

（3）结算阶段 BIM 应用。实现整个建设期工程造价的动态管控，对多主体参与项目完成变更管理、计量支付等全过程工程造价的管理。

3. 应用目的

（1）设计阶段，通过施工图纸（机电、装饰装修等）建立 BIM 模型，完成深化设计和施工场地布置、建筑空间布置、方案比选等。

1）方案比选，BIM 应用作为建设单位与各参与方的沟通桥梁，以建设单位需求和运营使用为导向，提升项目品质。

2）深化设计，验证设计成果，提升设计质量和深度，避免后期出现大量变更，减少返工，节省材料和资金。

（2）施工阶段，加强实施阶段的投资管控、进度管控、质量和安全管理，提高项目管理效益，加强项目各参与方之间的协作。

（3）结算阶段，通过 BIM 技术可进行施工全过程成本动态管控，工程量快速提取，降低工程预算工作量，加快竣工结算速度。

4. 实施过程

（1）全过程 BIM 咨询服务在设计阶段的应用。

1）机电深化设计。基于委托服务内容，贵州百盛在施工图设计阶段，根据本项目的施工图纸创建各专业的 BIM 模型，并通过模型整合进行碰撞检查，发现各专业设计图纸问题，在三维模型中找到二维图纸不易发现的“错、漏、碰、缺”问题。

由于本项目是边设计、边施工，所以在设计排布时要考虑后期医疗气体管道、气动物流管道位置的预留。主管排布完成后基本能解决一般碰撞问题，对于碰撞严重，调整后不能满足净高要求，或者影响施工的地方，需要利用 BIM 模型的可模拟性，提前找出解决办法，如风管改变、某些管线避让等，在调整过程中选择造价最低的优化方案。同时，检查结构净高以及机电管线综合优化后净高是否满足要求，及时发现可能存在的问题，并在施工前进行设计调整，减少设计图纸自身错误或者冲突导致的工程变更、现场签证，提升施工效率，降低成本。

在前期建模时发现图纸问题 156 个，审模时发现问题 29 个，后续管综调整过程中解决重大碰撞点 78 个，节约投资 211.75 万元，节省劳务费用 33.88 万元。

2）预算编制。基于 MagiCAD 软件，利用设计模型直接转化为算量模型，自动完成算量工作，提高了预算编制的准确性和完整性，也极大地降低了工程预算的编制工作量。

3）装饰装修方案比选。贵州百盛利用土建和机电 BIM 模型创建装饰 BIM 模型，并在装饰、装修模型上辅助进行深化设计和快速提取门窗、墙体等的工程量和构件信息。整体绘制完成后在族库中导入需要的家具、灯具、花瓶、挂画等族，对室内进行细致的布置设计，辅助业主选择最佳的装修方案，从而提高设计质量，以确保达到满足业主需求的装修风格。

（2）全过程 BIM 咨询服务在施工阶段的应用。

1）动态成本管理。贵州百盛通过将预算模型导入 BIM5D 平台中，利用 BIM5D 平台进行成本管控，将合同、变更、签证、价差等一系列的成本数据实时上传，自动形成动态成本统计及与目标成本的对比分析。利用 BIM5D 管理系统自动计算项目的动态成本，保证数据及时更新，业务人员通过管理授权，可在 PC 端、Web 端与手机端随时查看项目的成本变化情况，确保投资安全。

2）合同管理。合同的订立、管理、查询、调用、存档，涉及的部门比较多，流程比较复杂。咨询服务过程利用 BIM5D 平台对合同进行规范管理，针对合同履行过程中，避免由于个人的疏漏而产生对投资不利的影响，消除合同风险。帮助业主实时了解合同执行信息和支付信息，全面了解项目资金使用情况。

3）变更管理。基于 BIM5D 平台，将在合同执行过程中发生的设计变更和签证，录入项目管理平台，建立台账，统一管理。明确变更签证事项及所发生的费用，及时发现即将超支的内容，提前制订控制方案，并且通过自行配置实现流程管理，将变更资料存储在统一的平台，实现变更、签证的台账信息及计价文件、附件的统一管理、共享，避免不必要的或重复的变更发生，最终达到合理控制投资的目的，如图 B. 1. 4 所示。

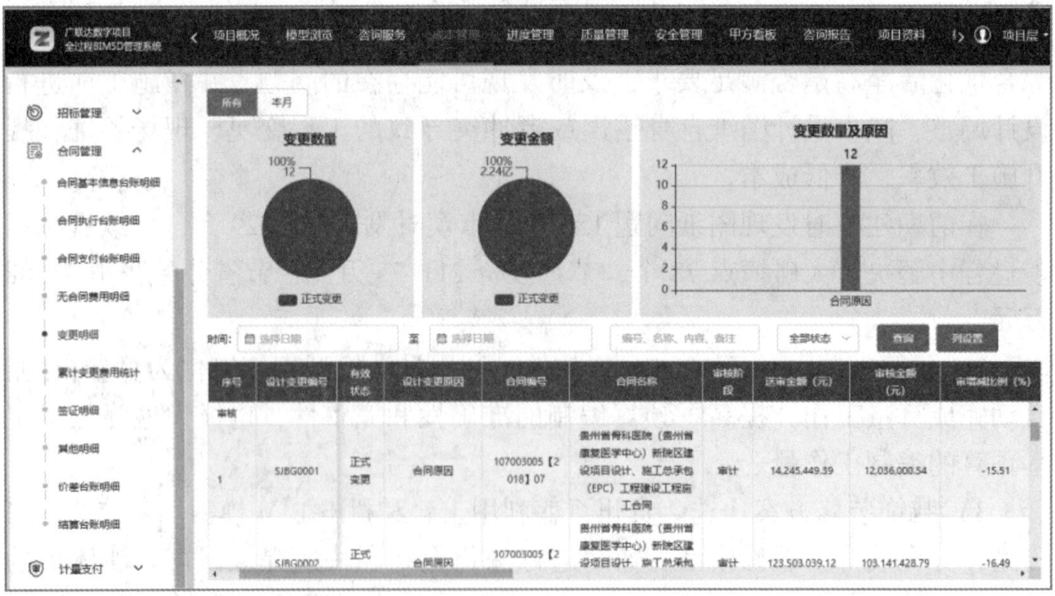

图 B. 1. 4　BIM5D 平台的变更台账管理

4）进度支付。贵州百盛利用 BIM 模型与进度计划、工程预算的关联，建立进度计划与预算的关联关系。通过将施工单位报送的进度产值导入系统，利用 BIM5D 平台生形成送审、审核和合同的对比模型，并通过进度计划与实际进度对比，快速生成本期的工程量。同时，基于价格数据，快速计算出本期工程产值，以及累计产值和累计支付数据，使计量和支付过程自动生成。

（3）全过程 BIM 咨询服务在结算阶段的应用。

基于 BIM5D 平台的全过程造价管理，将工程资料分类储存，为结算的检查提供证据，有效地保障了变更数据的真实性。同时，基于竣工模型（即项目实体反映）可快速提取工程量进行核对，BIM5D 平台能够迅速实现数据的分析整理，并得到对比分析表。

本项目在竣工结算利用 BIM 模型，快速、准确地计算和汇总出结算工程量，基于统一的结算模型进行审核，避免因为主观因素出现工程量争议，咨询服务团队用了较短的时间，准确、快速地确定本项目的结算金额。

5. 应用总结

贵州百盛通过在本项目基于 BIM 技术实施全过程造价咨询服务，极大地缩短了项目建设工期，项目投资成本节约显著。其中，节约项目投资 385.00 万元；利用 BIM5D 平台进行项目管理，减少管理人员的管理强度，节省相关费用 61.60 万元。同时，咨询服务团队在业主满意度方面，也有大幅提升，项目业主满意度提升 10%，通过 BIM 技术的应用共节约联络时间 14 天。提升了公司的企业形象，为后续承接其他同类项目打下基础，也提供更多借鉴和参考。

B.2 设计阶段 BIM 咨询服务案例

B.2.1 永信和瑞：永州经开区汽车配套产业园 EPC 项目

1. 项目概况

永信和瑞工程咨询有限公司（以下简称“永信和瑞”）承接永州经开区汽车配套产业园 EPC 项目（以下简称“本项目”），并按委托单位的要求，为项目提供设计阶段的 BIM 咨询服务。

本项目规划设计范围约为 381 亩（1 亩≈666.67m^2），其中一期包括汽车创新研究院、员工宿舍、能源中心及监控中心。一期确定入驻企业的生产及办公用房，总建筑面积 9.58 万 m^2，总投资 2.13 亿元，项目如图 B.2.1-1 所示。

图 B. 2. 1-1　永州经开区汽车配套产业园

2. 应用范围

永信和瑞按照业主委托的要求，在设计阶段为客户提供的服务内容包括：

（1）提供虚拟沙盘服务，可视化展现设计成果。

（2）应用 BIM 技术进行设计优化，完成设计碰撞检查和空间优化。

（3）应用 BIM 技术进行设计性能分析，包括项目的节能效果和建筑的安全性能。

3. 应用目的

本项目为 EPC 总承包模式，项目建筑体量大、单体数量多、结构复杂、建筑内部的人员多，建设方对建筑的安全和节能都提出了很高的要求，BIM 在设计阶段实现目的如下：

（1）利用 BIM 的可视化协同，完成设计方案的多方沟通和决策。

（2）利用 BIM 模型进行多专业碰撞检查，优化设计、降低施工成本。

（3）利用 BIM 模型进行空间布局优化，优化建筑净高、净空，扩大可利用空间。

（4）利用 BIM 模型进行室内采光、人员疏散、车辆出入库等设计性能模拟分析，提高建筑安全和降低建筑能耗。

4. 实施过程

（1）虚拟现实沙盘。永信和瑞的 BIM 咨询服务团队，按照方案设计图纸利用 BIM 软件展开设计建模和沙盘制作，通过将建筑模型和沙盘关联呈现，实现项目管理人员利用 WPBIM 平台对项目各类设计方案、图纸等建立的模型进行 PC 端浏览，或通过一体机、拼接屏或 VR 眼镜等硬件设施漫游项目沙盘，感受沉浸式的互动体验，提前体验设计方案建成后的环境。

（2）碰撞检查。实施过程中，通过利用 BIM 技术进行设计模型创建后，将建筑、机电、精装等模型进行整合，进行综合碰撞分析，将二维图纸中不能发现的各专业间的不合理碰撞消除，并反馈给各专业设计团队，依据碰撞报告分析结果进行图纸优化，减少施工阶段的返工。

（3）净高分析。利用 BIM 模型进行建筑空间设计分析，从结构建筑到设备设施再到精装吊顶等全方位室内净高检查，优化设计图纸，如图 B. 2. 1-2 所示。

图 B. 2. 1-2 基于 BIM 模型的净高分析

（4）节能及安全模拟。基于 BIM 模型，协同设计进行建筑采光、节能和安全疏散分析。通过利用实时日光分析功能帮助用户更好地理解自然光照对室内外的影响，合理布置窗户位置，减少人工照明能耗，如图 B. 2. 1-3 所示。

图 B. 2. 1-3 BIM 模型的光照模拟分析

为了更好地提升建筑的安全运维性能，解决紧急情况下大型建筑人员疏散问题，设计阶段利用 BIM 模型进行整体模拟紧急情况下的人员疏散情况，通过对不同人群逃生能力进行设置，在模拟结果中找出容易拥堵的位置，配合设计优化方案。

5. 应用总结

通过在设计阶段应用 BIM 技术进行图纸优化，极大地减少了施工过程中的返工现象，在施工进度得到有效保障的前提下，比计划工期提前 20 天竣工，为本项目节省成本近 900 万元，客户满意度提升 30%。

B. 2. 2　源海咨询：武汉东西湖文化中心项目应用实践

1. 项目概况

源海项目咨询有限公司（以下简称“源海咨询”）在 2018 年为武汉东西湖文化中心工程项目（以下简称“本项目”），按客户委托提供设计阶段的 BIM 咨询服务业务。

本项目位于武汉市东西湖区吴家山，总用地面积 19. 68 万 m^2，总建筑面积 15. 26 万 m^2。其中，地上建筑面积 9. 83 万 m^2，地下建筑面积 5. 43 万 m^2。项目由剧院、文化馆、档案服务中心、市民阅读中心、文化创意产业中心、博物馆科技馆六个单体工程组成，总造价约 12. 21 亿元，项目如图 B. 2. 2-1 所示。

图 B. 2. 2-1　武汉东西湖文化中心项目

2. 应用范围

源海咨询按照业主委托的要求，在设计阶段为客户提供的服务内容包括：

（1）提供 BIM+GIS 的集成展示，进行前期规划。

（2）应用 BIM 技术解决复杂的土方工程量计算，为土方挖、填平衡提供参考。

（3）应用 BIM 模型优化机电管线的综合。

（4）应用 BIM 模型对项目进行建筑安全和节能分析模拟。

3. 应用目的

应用 BIM 技术在本项目设计阶段实现以下几个目的：

（1）前期规划。采用 BIM+GIS 的联合应用，实现在前期规划阶段的合理性分析。

（2）土方计算。利用 BIM 技术获取原始地形、地貌数据，计算土方开挖工程量，控制土方的利用，降低工程建造成本。

（3）深化设计。利用 BIM 模型进行管线综合碰撞检测，优化管线综合排布，消除设计变更。

（4）建筑性能分析。基于 BIM 模型进行性能分析，实现绿色建筑，降低建筑物后期的运维成本。

4. 实施过程

（1）前期规划。利用 BIM 模型将建筑信息与项目地理空间信息集成，形成规划 GIS 一张图信息库，辅助快速完成片区体系规划、总规划、专项规划，并通过与基础地理信息系统进行数据共享，方便客户实现片区数据实时查询，为智慧招商、历史规划查询、存量资产盘点、土地利用规划等建立数据应用基础。

（2）土方计算。运用 CIVIL3D 进行施工场地的地形、地貌分析，如高程分析、坡度分析等，为土方计算提供基础数据。运用 BIM 模型模拟土石方的开挖和回填，直观展示土石方的挖运分析和计算，精确本项目的土方并进行平衡估算，就地平衡土方、减少土方外运，降低项目建设成本，如图 B. 2. 2-2 所示。

图 B. 2. 2-2 项目基础土方开挖模拟

（3）深化设计。本项目对空间利用要求十分严格，要降低因管线排布而占用的有效空间。在深化设计前，利用 BIM 模型可视化管线碰撞和空间优化，形成管线综合碰撞报告和净空分析报告，为管线综合设计提供数据支撑。客户依据分析报告，要求设计院进行施工图深化和优化，实现合理布置管线位置，提高建筑净空高度，如图 B. 2. 2-3 所示。

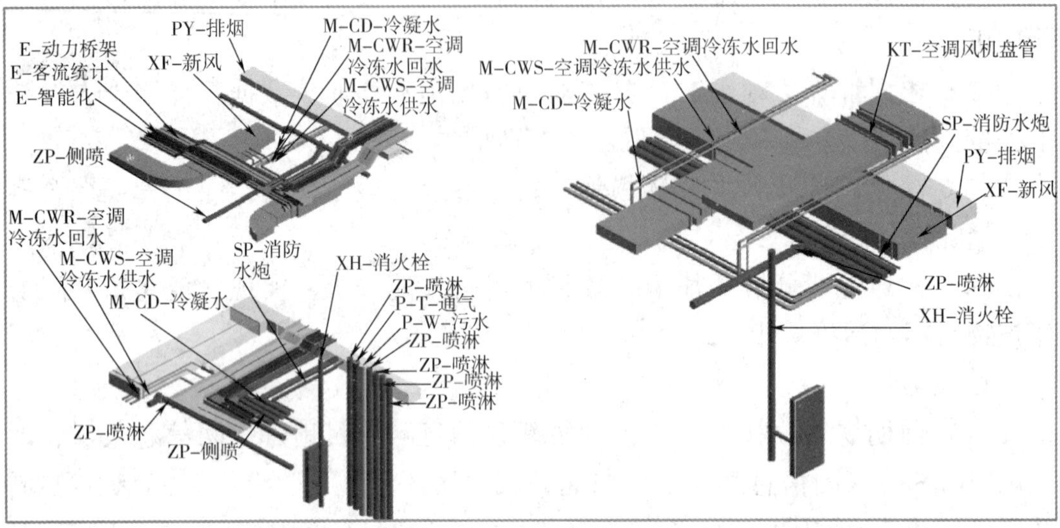

图 B. 2. 2-3　基于 BIM 模型的深化设计示意图

（4）建筑性能分析。本项目利用 BIM 模型，应用流体分析软件进行建筑风环境模拟，利用 Pathfinder 进行疏散模拟，以及使用 Insight 进行光照分析，完成对建筑距离、位置、光照等进行优化调整，如图 B. 2. 2-4 所示。

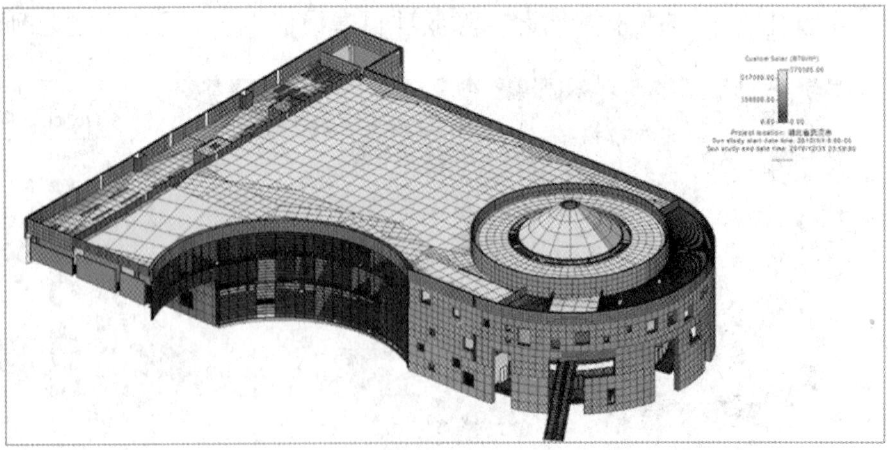

图 B. 2. 2-4　BIM 模型的建筑性能分析

5. 应用总结

通过设计阶段应用 BIM 技术创建模型，辅助进行前期规划设计和可视化的招商引资，提升了沟通效率。同时，通过 BIM 模型在土方挖填平衡上的应用，精准计算了土方的挖填成本，实现了土方就地平衡，最大限度地减少了弃土外运的费用；项目利用 BIM 模型进行管线综合优化，减少设计变更 230 余份，节省工期 54 天，节约投资成本 2 348 万元。

B. 2. 3 公正咨询：河南省直人才公寓永盛苑装配式项目应用实践

1. 项目概况

公正工程管理咨询有限公司（以下简称“公正咨询”）作为 BIM 咨询服务单位，为河南省直人才公寓永盛苑装配式项目（以下简称“本项目”）提供设计阶段的咨询服务。

本项目位于郑州市文化创意产业园，总建筑面积约 19.55 万 m^2，共计 1 430 户。建设内容包含住宅、商业、幼儿园、地下车库及配套公共服务用房，项目总投资约 8 亿元，项目如图 B. 2. 3-1 所示。

图 B. 2. 3-1 河南省直人才公寓永盛苑项目

2. 应用范围

公正咨询按照业主委托的要求，在设计阶段为客户提供的服务内容包括：

（1）应用 BIM 技术，进行可视化审图。

（2）应用 BIM 模型，对复杂部位进行管线综合排布和预留孔洞的设计。

（3）应用 BIM 模型，对预制构件进行深化与核查。

3. 应用目的

（1）通过 BIM 模型审查施工图纸，通过专业碰撞检查，发现图纸设计中存在的问题，减少变更和施工返工。

（2）应用 BIM 模型，优化本项目的管线综合优化排布设计，提高建筑空间的利用率。

（3）本项目装配率达到 50%以上，利用 BIM 技术对预制构件进行深化和核查，提升项目实施效率。

4. 实施过程

（1）审核施工图纸，优化设计。依据施工图纸进行全专业 BIM 模型的创建，利用 Rivet 软件进行多专业 BIM 模型的集成，基于设置的碰撞检测规则，对本项目进行全专业建筑与结构、结构与机电安装及设备等不同专业设计之间的碰撞检查。

本项目通过利用 BIM 模型的审图和碰撞检查，极大地加快了各专业图纸问题的解决效率，并通过及时反馈给设计单位进行图纸优化，有效地避免了施工阶段因为图纸问题带来的项目停工、返工，减少变更、保证工期，极大地降低了工程结算额超概算的风险，实现了对成本的有效管控。

（2）管线综合排布。公正咨询先与施工单位的机电工程师沟通管线优化原则，再进行管线的综合排布。基于 BIM 模型的可视化，通过全参与方的协同优化管线综合排布方案，并运用 BIM 技术精确完成预留孔洞定位图，有效地避免了因孔洞预留不准而导致的二次开孔、返工问题。同时，运用 BIM 技术进行净高复核，避免因管线标高不符合吊顶标高要求而导致管线安装返工情况的发生，如图 B. 2. 3-2 所示。

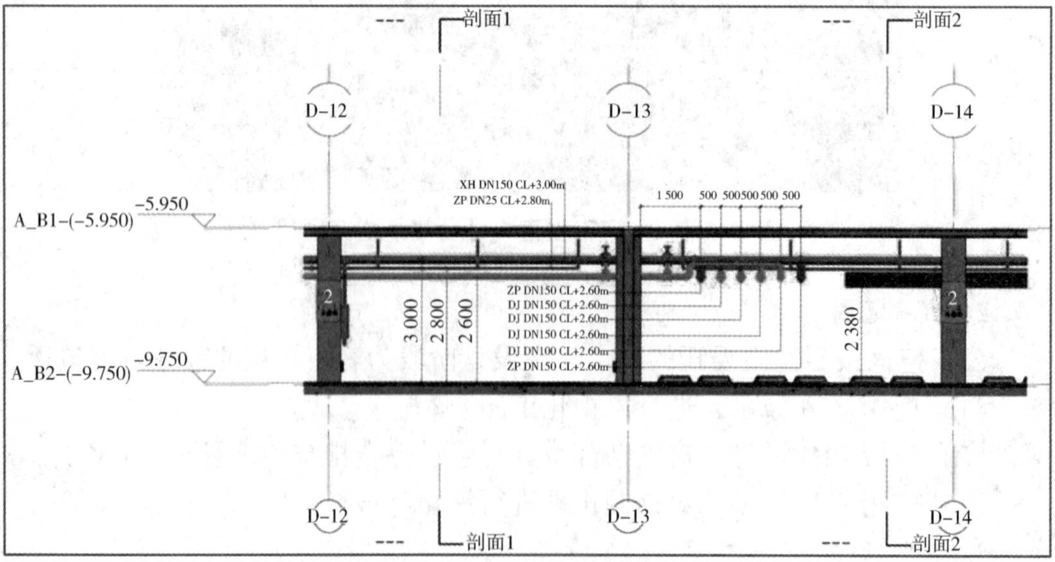

图 B. 2. 3-2 基于 BIM 的管线综合排布

（3）预制构件深化与核查。根据装配式建筑设计规范，公正咨询依据施工图纸创建 BIM 模型，并将 BIM 模型传递给构件生产厂家。预制构件厂依据对单构件的工艺生产要求、运输要求、施工安装要求对装配式构件进行合理拆分和优化，形成最终优化图纸。满足后续施工图设计及工厂加工、运输、施工等技术需要，然后再次对模型依据最终的拆分构件，进行 BIM 单构件模型优化完善，包含钢筋预设、洞口预留等信息，实现各个参与方之间、构件之间、各个施工流程之间的统一模型应用。

5. 应用总结

本项目通过对 BIM 技术应用进行可视化图纸审查、机电专业的深化设计，及时发现图纸中存在的问题，并在施工前与相关设计单位进行沟通处理，减少了不必要的返工和人员、机械、材料的浪费。

B. 2. 4 永泽咨询：中蒙博览会永久性国际会展中心项目应用实践

1. 项目概况

永泽建设工程咨询有限公司（以下简称“永泽咨询”）作为全过程 BIM 咨询单位，参与建设了中蒙博览会永久性国际会展中心项目（以下简称“本项目”）。

本项目位于内蒙古呼和浩特市新城区呼和塔拉草原东部，总平面设计以苏鲁锭观光塔为圆心，外环依次排布展览中心、会议中心、户外会展、广场群落、房车营地等功能空间。总建筑面积 22.33 万 m^2，总投资额约 32.60 亿元，项目于 2019 年 3 月开工建设，计划于 2021 年 6 月竣工，如图 B. 2. 4-1 所示。

图 B. 2. 4-1 中蒙博览会永久性国际会展中心

2. 应用范围

永泽咨询按照业主委托的要求，在设计阶段为客户提供的服务内容包括：

（1）对机电专业进行图纸校审、管线综合排布、净空优化、孔洞预留，并支持项目的机电预制化加工。

（2）对精装修方案提供可视化对比方案，选取最优装修的方案。

3. 应用目的

本项目土建施工工期紧、工序复杂，钢结构工程量大、安装周期短，结构不规则，机电管线错综复杂。

（1）项目机电专业图纸深度无法达到施工要求，利用 BIM 技术进行图纸深化和优化，反推设计问题，在施工前将诸多问题提前解决。

（2）建筑主体完成后，内部装修是与使用者直接接触，建筑内部的装修效果直接影响使用的舒适度。采用 BIM 技术，设计不同装修风格、不同装饰材料的对比方案，虚拟呈现不同设计方案的效果。

4. 实施过程

（1）基于 BIM 技术在机电专业深化应用。

利用 BIM 技术进行图纸深化和优化，在施工前将诸多问题提前解决。例如结构专业未考虑暖通专业的设备与风管安装位置，通过三维模型对结构平台与风管固定点的空间布局进行合理排布，提前解决了相关问题，避免返工。

综合考虑周围环境及其各专业间的相互影响，通过对重点部位管线走向合理再排布，优化净高，同时用审阅软件标注不同区域管线优化后所能做到的净高。

通过优化排布机房顶部各系统管道，确保净空不低于 3.5m。并且在模型深化时采用模块化泵组，将水泵、橡胶软接、过滤器、蝶阀、止回阀、压力表、温度计等打包成为模块，提高空间利用率，缩短现场安装时间。

机电综合管线工作完成后，将墙体预留洞口及楼层预留洞口的 BIM 模型导出 CAD 图纸交于土建专业进行施工，方便洞口预留，避免返工及剔凿。解决了传统后砌墙体或后凿洞口产生大量的材料浪费和建筑垃圾，阻碍施工进度，增加项目施工成本的问题，如图 B. 2. 4-2 所示。

在钢结构工程设计时未考虑风管安装需要的吊架，导致现场风管无法吊装，项目拟采用新型布袋风管降低屋面荷载，通过 BIM 技术对空调送风系统中传统的镀锌风管改为布袋风管进行可行性模拟与优化，节约了工期，降低了造价。

（2）BIM 技术在精装修专业深化应用。

按照建设单位对贵宾休息厅、会议室等区域装修标准的要求，BIM 小组建立设计模型方案并进行渲染，报送建设单位确认，生成施工图，提升了沟

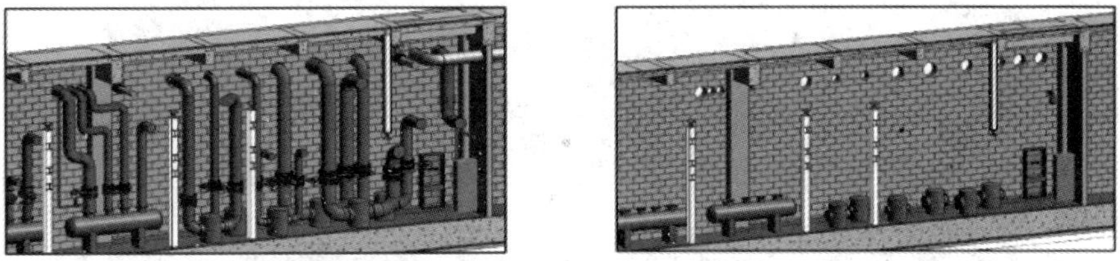

(a)基于BIM的洞口预留模型

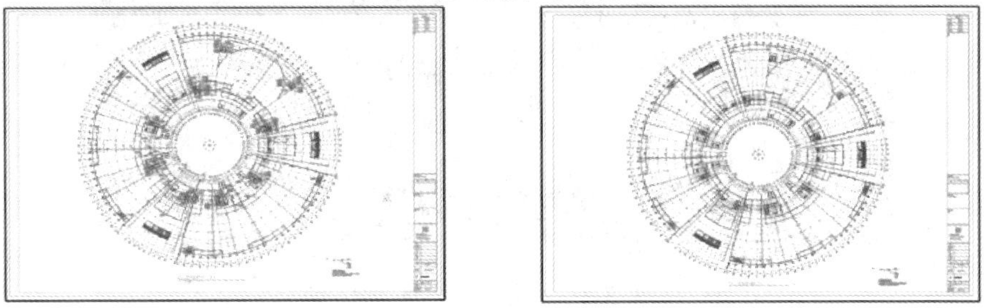

(b)基于BIM的洞口预留模型导出的CAD图纸

图 B. 2. 4-2 孔洞预留

通效率，节约了方案确定时间。

5. 应用总结

BIM 技术的应用在项目技术管理和精装方案对比选择上取得了显著效果。仅地下部分，发现碰撞 2 700 余处，节约管道 2 000 余 m，工期缩短 20 天。

B. 2. 5 海天咨询：中国汝瓷博物馆项目应用实践

1. 项目概况

海天工程咨询有限公司（以下简称“海天咨询”）作为全过程咨询单位，参与建设了中国汝瓷博物馆项目（以下简称“本项目”）。

本项目位于汝州市产业集聚区西南部汝瓷电子商务产业园，总建筑面积为 3. 84 万 m^2，总投资约 3. 5 亿元，其中 BIM 技术的总费用为 78. 80 万元，项目如图 B. 2. 5-1 所示。

2. 应用范围

海天咨询按照业主委托的要求，在设计阶段为客户提供的服务内容包括：

（1）应用 BIM 技术，完成土建、机电、钢结构多专业的 BIM 模型搭建。

（2）应用 BIM 技术，进行可视化图审，并反馈图纸审查问题。

3. 应用目的

本项目为三边工程，施工图纸问题较多，在施工过程中的不可预见性风险较大，工期紧，工程质量与安全要求高。

图 B. 2. 5-1　中国汝瓷博物馆项目

土建施工重点难点：建筑外立面是由六片花瓣造型的异形幕墙围合而成，每个花瓣由 547 块幕墙玻璃构成，每一块尺寸与弧度都不相同，给下料和安装带来了很大的实施难度。

机电施工重点难点：建筑结构为圆形，室内装饰标高设计要求高，净空高度有限，水、暖、电各专业管道复杂，对施工质量要求高，实施难度大。

（1）施工图检查。通过创建土建、机电、钢结构等多个专业的 BIM 模型，设置碰撞检测规则，实现单专业、多专业的“错、漏、碰、缺”的问题检查。

（2）图纸洽商与反馈。对发现的问题进行记录和整理，以三维模型的方式提交图纸洽商，规避由于设计不合理导致的返工和签证问题，提升项目质量、节省工程建设周期。

4. 实施过程

本项目基于施工图，完成各专业 BIM 模型的创建，提出单专业的图纸审查报告。再将各专业的 BIM 模型整合，设置碰撞检测规则，输出碰撞检测报告，施工图审查流程如图 B. 2. 5-2 所示。

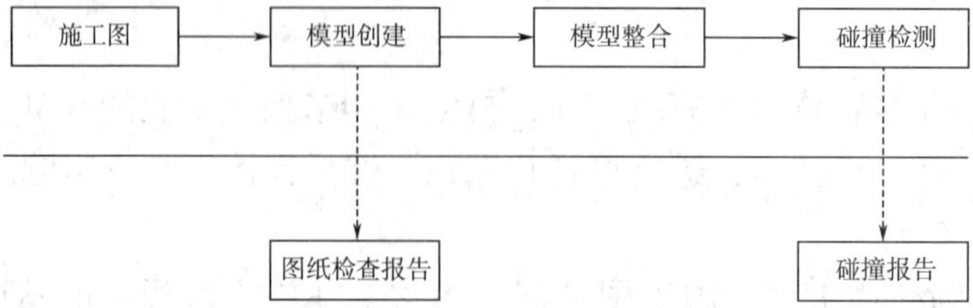

图 B. 2. 5-2　施工图审查流程

通过模拟建造及多专业集成，找出图纸中存在的“错、漏、碰、缺”问题，避免后期返工，造成不必要的费用增加。多专业模型整合后，查找碰撞点，定位反查调整模型后，提前排除碰撞点，避免后期返工、开洞、施工纠纷、造价增加等。综合管线碰撞检测报告如图 B. 2. 5-3 所示。

博物馆综合管线项目-1层碰撞点		
	构件1：线槽\金属线槽-300 × 100（*H*底=5 100）\弱电金属线槽（通信+有线电视） 构件2：消防管\内外热浸镀锌钢管-*DN*100（*H*=5 200）\消火栓 & XF-1 轴网：29（+1 977mm） 碰撞类型：活动问题 备注：	设计院回复意见：
	构件1：其他管\排水用PVC-U-De110[*H*=-2 000~17 000（工程）]\废水FL & FL-1 构件2：消防管\内外热浸镀锌钢管-*DN*100[*H*=-1 400~16 600（工程）]\消火栓 & XF-1 轴网：29（-243mm） 碰撞类型：活动问题 备注：	设计院回复意见：
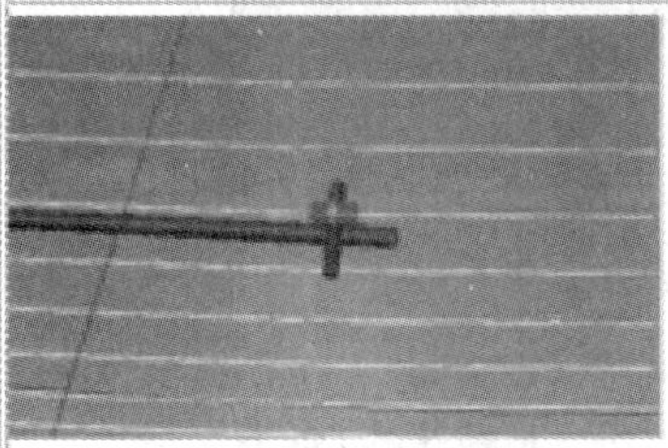	构件1：冷回水管\无缝钢管-D108 × 4（*H*=5 050）\空调回水 & H-4 构件2：喷淋管\内外热浸镀锌钢管-*DN*100（*H*=5 200）\喷淋 & PL-1 轴网：27（-3 864mm） 碰撞类型：活动问题 备注：	设计院回复意见：

图 B. 2. 5-3 综合管线碰撞检测报告

通过模拟建造与现场结合，对图纸的读取理解以及模型建成后的三维可视化分析，检查出图纸问题 356 处；充分利用系统的多专业集成平台，通过平台的自动碰撞，定位排查碰撞点，解决碰撞点 1 528 处；整理成册经项目部排查后提交设计院，提前规避了后期可能造成的返工，签证等问题。

5. *应用总结*

委托单位通过在设计阶段应用 BIM 技术进行可视化审图、问题反馈，工程建设的各参与方基于 BIM 模型进行沟通交流，提前制订解决方案，节约工期 2 个月，并节约了工程建设的成本。

B.3 交易阶段 BIM 咨询服务案例

B.3.1 杭州三才：东航浙江分公司杭州运营保障基地项目应用实践

1. 项目概况

杭州三才工程管理咨询有限公司（以下简称“杭州三才”）作为全过程 BIM 咨询服务单位，参与建设了东航浙江分公司杭州运营保障基地项目（以下简称“本项目”）。本项目位于浙江省杭州市萧山区，总建筑面积约 9 万 m^2，工程造价 1.93 亿元，如图 B.3.1-1 所示。

图 B.3.1-1 东航浙江分公司杭州运营保障基地

2. 应用范围

杭州三才按照业务委托的要求，在交易阶段为客户提供的服务内容包括：

（1）完善 BIM 模型及为 BIM 模型构件套用做法。

（2）应用 BIM 技术，实现工程造价指标的测算。

3. 应用目的

本项目建筑体量大、结构复杂，项目的属地政府和建设方对项目的关注度高，对项目的精细化管理水平提出了更高的要求。BIM 在交易阶段实现目的如下：

（1）本项目的 BIM 模型的建模标准不统一，模型构件命名不规范，构件属性不完善。需要基于现有BIM模型，完善和规范模型，为基于BIM模型提取工程量做好数据准备。

（2）基于补充完善的BIM模型，借助造价指标测算系统，辅助计算招标工程量清单数量和编制最高投标限价，提升编制的效率和质量。

4. 实施过程

（1）完善BIM模型参数信息。BIM模型的质量和规范不统一，难以保障后续的工程量提取和计算。模型首先以参数化的构件为基础，包含物理、空间、几何等信息，这些信息形成工程量计算的基础，如混凝土的强度等级、室内地坪的标高等，如图B. 3. 1-2所示。

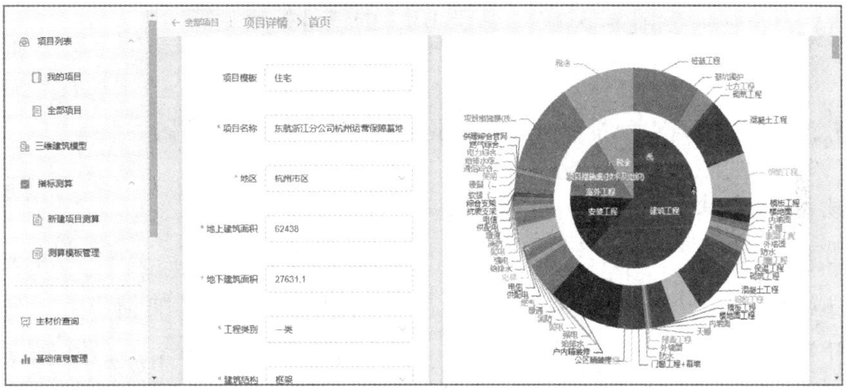

图 B. 3. 1-2 基于BIM模型的项目基本信息

（2）BIM模型构件套用做法。根据清单工程量的计算规定，在算量模型中针对构件类别套用工程做法，如混凝土、模板、砌体、基础都可以自动套取做法，再补充因地区差异不能自动套取的部分，如门窗、装饰等。

（3）基于BIM的工程造价指标测算。系统通过判断深化模型上的构件属性、材料、几何特征等信息，依据自动套取清单项以及对应消耗量子目的实体工程量，输出项目招标工程量清单和最高投标限价。最终为建设单位研究和提供更好的招标条款和合同条款提供建议，协助建设单位顺利完成项目招投标阶段的工作，如图B. 3. 1-3所示。

5. 应用总结

委托单位通过在交易阶段应用BIM技术进行构件属性的完善、模型构件做法的套用，造价指标数据的积累和应用，快速生成项目最高投标限价。杭州三才也通过项目积累指标和材料造价数据，形成核心数据资产和专业数据服务能力。

图 B. 3. 1-3　基于 BIM 的造价指标测算

B. 3. 2　万邦咨询：浙商中拓总部大楼项目的应用实践

1. 项目概况

万邦工程管理咨询有限公司（以下简称“万邦咨询”）作为全过程 BIM 咨询单位参与建设了浙商中拓总部大楼（以下简称“本项目”）。本项目位于杭州市萧山区，项目总投资 4.80 亿元，BIM 咨询总费用为 60 万元，项目如图 B. 3. 2-1 所示。

图 B. 3. 2-1　浙商中拓总部大楼

2. 应用范围

万邦咨询按照业务委托的要求，在交易阶段为客户提供的服务内容包括：

（1）协助编制招标文件中的 BIM 相关的条款。

（2）应用 BIM 技术，实现工程量清单的提取。

3. 应用目的

本项目招标工作量较大，包含了技术服务、施工总承包、专业承包、设备材料供货等各类型招标工作，招标工作过程中协调工作难度大，涉及各参建方各部门关键工作岗位的人员众多，须做好信息传递工作。BIM 在交易阶段实现目的如下：

（1）编制招标文件 BIM 条款。

（2）基于 BIM 模型的信息完备性，汇总计算工程量清单。

4. 实施过程

（1）招标文件编制提出 BIM 应用要求。招标时明确 BIM 方面的工作要求，将相关内容写进招标文件中，并在各单位投标时对其复杂节点模拟、进度模拟等 BIM 技术水平做出评估，进而评估其实际施工水平。

（2）基于 BIM 模型实现土建机电专业的清单工程量提取。利用招标阶段设计图纸建立 BIM 模型并出具建筑工程、安装工程部分工程量辅助造价师完成招标工程量清单，编制的工程量清单如图 B. 3. 2-2 所示。

表1–2 分部分项工程量清单及计价表(号清单)

单位工程及专业工程名称：给排水工程–1#2#给排水　　　　第 5 页 共 9 页

序号	项目编码	项目名称	项目特征描述	计量单位	工程量	综合单价(元)	合价(元)	其中(元)			备注
								人工费	机械费	管理费	
48	031001001001	镀锌钢管	室内热镀锌钢管，*DN*100，卡箍连接；含配套管件；含87型雨水斗、灌水、通球试验；具体要求详见设计说明	m	1 238.05						
49	031001001002	镀锌钢管	室内热镀锌钢管，*DN*125，卡箍连接；含配套管件；含87型雨水斗、灌水、通球试验；具体要求详见设计说明	m	358.62						
50	031001006001	塑料管	室内PVC–U冷凝水管（粘接）*DN*75;含配套管件；含灌水、通球试验；具体要求详见设计说明	m	59.38						
51	031001006002	塑料管	抗紫外线PVC–U冷凝水管（粘接）*DN*100;含配套管件；含灌水、通球试验；具体要求详见设计说明	m	1 146.40						
52	031004014001	给、排水附（配）件	铝合金地漏 *DN*75安装	个	58						
53	031004014002	给、排水附（配）件	铝合金地漏 *DN*100安装	个	84						
54	031004014003	给、排水附（配）件	网框式地漏 *DN*150	个	5						
55	031208002002	管道绝热	冷凝水水管橡塑保温，厚度10mm	m3	3.66						
56	031002003015	套管	一般穿楼板套管 *DN*100制作安装；套管与管道空隙间填料	个	503						
57	031002003016	套管	一般穿楼板套管 *DN*125制作安装；套管与管道空隙间填料	个	48						
58	031002003017	套管	一般穿楼板套管 *DN*150制作安装；套管与管道空隙间填料	个	90						
59	031002003018	套管	刚性防水套管 *DN*100制作安装；套管与管道空隙间填料	个	31						
60	031002003019	套管	刚性防水套管 *DN*125制作安装；套管与管道空隙间填料	个	16						
61	031002003020	套管	刚性防水套管 *DN*150制作安装；套管与管道空隙间填料	个	3						
62	031002001002	管道支架	一般管架制作安装，具体参设计说明	Kg	4 142.24						

图 B. 3. 2-2　基于 BIM 的工程量清单编制

5. 应用总结

通过发挥 BIM 模型的唯一性、完备性、连续性等特征，可以根据模型快速复核投标单位的预算文件，再通过投标文件中三维施工模拟等 BIM 相关技术展示，供评标专家对投标单位的施工经验和实力做出初步评估。万邦咨询最终通过对其投标文件进行回标分析，为建设单位决策依据。

B.3.3 海逸恒安：济南市血液供保中心综合楼装修改造项目的应用实践

1. 项目概况

海逸恒安项目管理有限公司（以下简称“海逸恒安”）作为全过程工程咨询服务单位参与建设了济南市血液供保中心综合楼项目（以下简称“本项目”）。

本项目位于济南市市中区，于 2019 年 8 月开工，2020 年 12 月竣工，项目建成后为济南市血液供保中心综合办公场所。本项目占地面积 3 200m^2，总建筑面积 8 200m^2，项目设计概算为 3 000 万元，其中 BIM 技术总费用 22 万元，项目如图 B.3.3 所示。

图 B.3.3 济南市血液供保中心

2. 应用范围

海逸恒安按照业务委托的要求，在交易阶段为客户提供的服务内容包括：

（1）对设备机房进行管线综合排布，提升工程量的准确度。

（2）应用 BIM 技术进行最高投标限价的编制。

3. 应用目的

本项目为医院类项目，较传统的房建项目，其管道更多更密集。如果没有对管线进行合理化排布，会导致后续的管道路线变更导致工期延长和工程直接费增加。BIM 在交易阶段实现目的如下：

（1）对设备机房等关键部位进行管线综合排布。

（2）汇总计算项目的清单工程量。

4. 实施过程

（1）设备机房等重点部位的管线优化。对于泵房等小体量部位，在清单的编制过程中，清单项繁多，各项工程量较小，造价人员应用 BIM 技术整合全专业模型，同时对泵房内管道进行排布，更加符合工程需求，提高清单准确度。

（2）利用 BIM 技术建立起与图纸相对应的含有工程造价信息的四维 BIM 模型，通过选择最适宜表现项目特征、最方便计量的计量单位，按照工程量计算规则对工程量进行合理的统计和分析，最终形成准确的项目最高投标限价。

5. 应用总结

运用 BIM 技术，造价人员可以在算量过程中优化部分设计问题，减少后续的误工返工和耽误工期的情况。在招投标过程中，造价人员可以利用 BIM 的清单分析与建模功能，快速核对招投标清单，自动查找投标不合理报价，确定控制重点，提高效率。

B. 3. 4 润恒管理：郑发大厦项目（一期）工程的应用实践

1. 项目概况

润恒工程管理有限公司（以下简称“润恒管理”）作为全过程造价咨询单位和 BIM 咨询单位参与建设了郑发大厦项目（以下简称“本项目”）。

本项目位于郑州市中原区，作为郑州市重点项目，是重要的便民、利民工程，建成后将推进周边区域“绿色、活力、高效”协同发展，并率先将本区域打造成为郑州西部行政区域中心，如图 B. 3. 4 所示。

图 B. 3. 4 郑发大厦

2. 应用范围

润恒管理按照业务委托的要求，在交易阶段为客户提供的服务内容为应用BIM技术，快速提取机电专业的工程量，提升工作效率。

3. 应用目的

本项目地下建筑面积4万多m^2，地下机房众多，工程量计算复杂不精准。BIM在交易阶段主要是加强机电专业工程量的计算精准性。

4. 实施过程

（1）BIM模型复核。通过机电专业精细化建模及配合机电造价工程师算量软件提量，对BIM模型中的族进行了筛选分析，并针对楼层、系统、管道类型等提量，进而实现了对BIM模型的优化，为下一步工作打好基础。

（2）工程量提取。基于优化后的机电管线综合建筑信息模型提取工程量，实现了工程量的同步更新，通过与招标工程量清单比对，为后期投标工作提供了更加准确的数据信息，实现针对性的投标策略。

（3）数据信息共享。充分利用了BIM模型工程数据信息，实现了整个项目组BIM数据的协同读写、算量与调整，避免出现劳动力浪费和重复劳动的现象。

5. 应用总结

委托单位通过在交易阶段应用BIM技术进行机电模型的搭建、深化，提取工程量，并与手算量对比，偏差在0.5%以内。后续应用BIM快速提取工程量的特性，节约了多个参与方核对工程量的时间，为项目进度报量提供数据支持。

B.4 施工阶段BIM咨询服务案例

B.4.1 中天恒达：中国移动国际信息港国际化运营支撑中心工程应用实践

1. 项目概况

北京中天恒达工程咨询有限责任公司（以下简称“中天恒达”），2019年初承接中国移动国际信息港国际化运营支撑中心工程（以下简称“本项目”）全过程BIM咨询服务业务。

本项目建设地点位于北京市昌平区中关村国家工程技术创新基地，总建筑面积约6.5万m^2，项目总投资约3.63亿元，计划总工期21个月，如图B.4.1-1所示。

图 B. 4. 1-1 中国移动国际信息港国际化运营支撑中心工程

2. 应用范围

本项目建设单位为大型国有企业，在工期管理、投资控制及资料管理中有着较为精益化的内部管理制度和流程。项目建成并投入运营后，将是国内高端网络运营支撑服务中心，因此，在工程建设过程中投入大量新的建设、运营管理理念和新技术应用。中天恒达在为建设单位提供全过程 BIM 咨询服务过程中，在施工阶段提供以下几个方面的服务：

（1）应用 BIM 技术，实现施工管理过程资料的集中式管理。

（2）应用 BIM 技术，对项目合同、变更进行动态管理。

（3）应用 BIM 技术，对项目的工程款计量及支付进行管理。

3. 应用目的

本项目建筑体量大、结构复杂、参建单位多，基于 BIM 的项目资料集中化管理，解决信息不同步、沟通效率低的问题。

项目建设作业面众多，过程中发生的合同及合同执行情况众多，项目的成本管控难度大，基于 BIM 的成本管控，实现成本数据的联动，实时把控项目的投资情况。

4. 实施过程

（1）资料管理：建立项目资料目录树，指定项目资料上传规则。通过建造过程中不断丰富的模型信息，将施工图、变更图、变更通知单、签证单、索赔单、甲供材明细、各类合同、概算书、招标清单、中标预算书或清单报价书、变更签证索赔、结算书等造价相关资料档案全部记载在系统中，保证了资料的齐全、可追溯，项目的资料管理如图 B. 4. 1-2 所示。

（2）目标成本管理：以概算为限额进行目标成本的编制，成本科目按照工程造价费用构成分为工程费用、工程建设其他费、预备费三大类。工程费用中的建安费又细化为土建工程、机电工程、弱电工程等；工程建设其他费

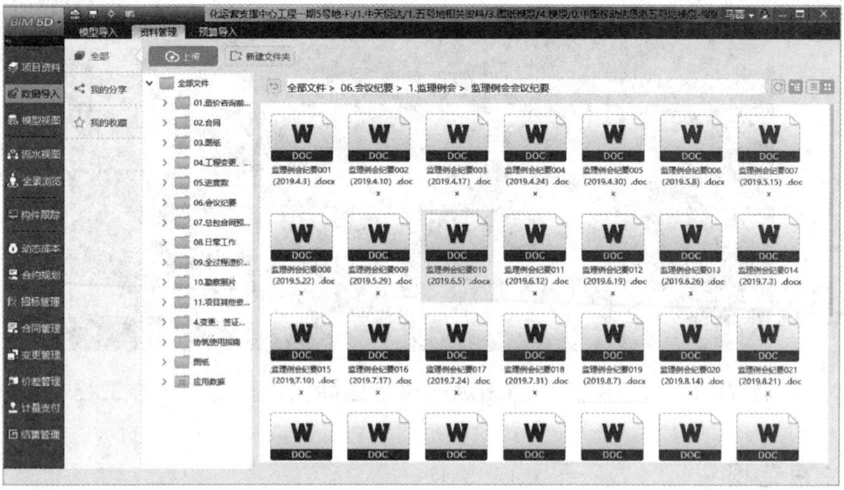

图 B. 4. 1-2　资料管理

细化为建设单位管理费、监理费、造价咨询费、审计费等；从而实现全方位对项目资金的管控，项目的目标成本管理如图 B. 4. 1-3 所示。

图 B. 4. 1-3　目标成本管理

（3）动态成本：给建设单位对总体投资管控提供数据支撑，建设单位登录网页端即可查看项目资金变动情况。

为方便查看具体每个成本科目实际超支节余情况，本项目进行动态成本台账的管理。例如建安费土建工程中监控中心及产品展示中心 F5-5，此条成本科目目标成本金额为 4 287. 69 万元，累计发生成本为 4 927. 37 万元，累计待发生金额为 686. 36 万元，当前预计实际成本为 5 613. 73 万元，实际超支 1 326. 04万元，超支比例为 30. 93%。本项目的动态成本台账如图 B. 4. 1-4 所示。

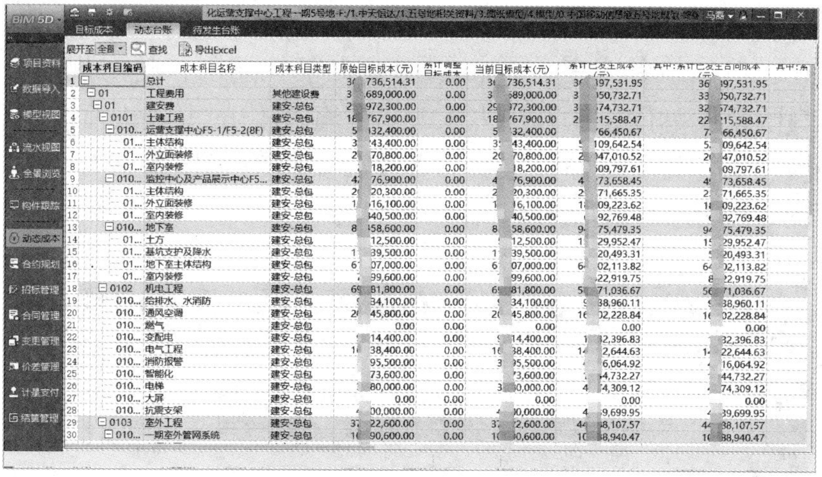

图 B.4.1-4　动态成本台账

（4）合同管理：主要实现查询合同执行情况。

本项目共签订合同 16 份，其中总包施工合同 1 份，工程建设其他费合同 15 份，成本科目主要记录已签合同实施情况，包括图差、价差、变更、签证、其他调整、预估变更等金额，金额累计得出本合同最终预结算金额。本项目的合同管理如图 B.4.1-5 所示。

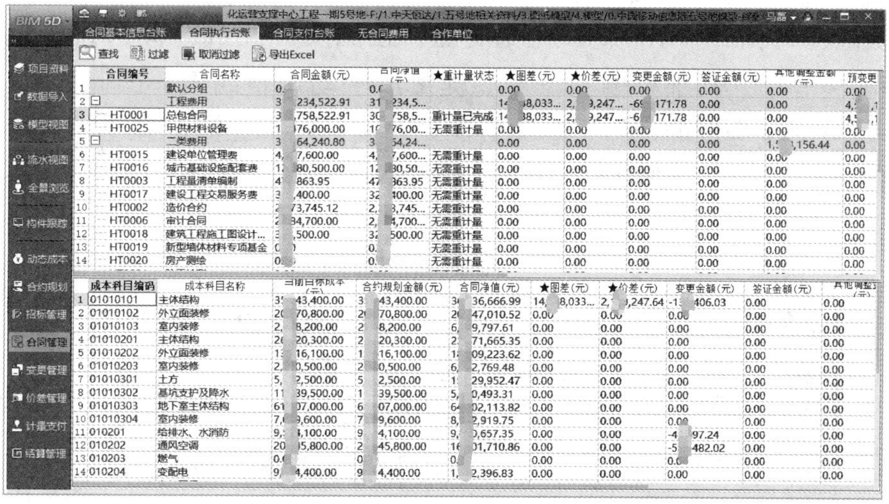

图 B.4.1-5　合同管理

（5）变更管理：实现记录本项目所有变更。

变更应用中四方审核模块是根据本项目实际情况进行开发的，2019 年 6 月，通过本部人员与广联达人员沟通交流，在原变更流转过程中增加四方审核模块，由于本项目变更审核严格，流转单位较多，建设单位方为了加快变更推进，建设单位给各个单位严格限制变更审核期限，超出规定审核时间，会以红色提醒建设单位。此方法大大提升了各单位的审核进度。本项目在变更模块还同步上传变更附件，主要为各单位审核的审核意见与明细。本项目的变更管理如图 B. 4. 1-6 所示。

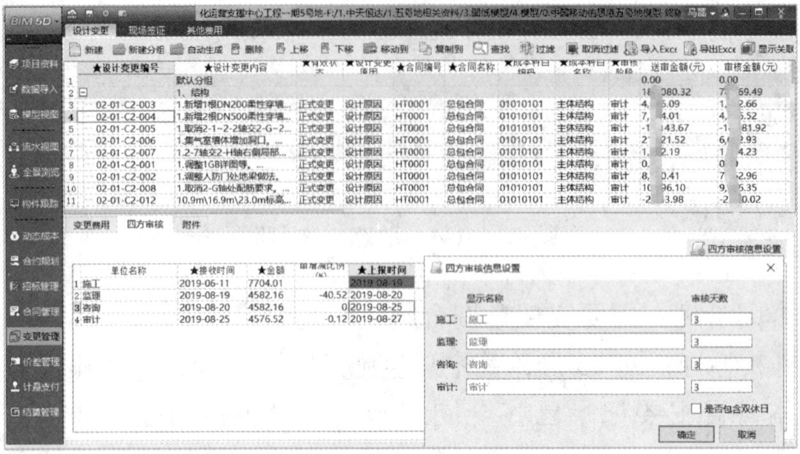

图 B. 4. 1-6　变更管理

（6）计量支付：为建设单位提供进度款支付情况。

通过模型关联清单、关联进度功能，根据实际完成时间进行进度提量。对于与实际有出入的细小偏差，采取提量后手动调整纠偏。因此，可以准确地提取每月形象进度的产值。本项目的计量支付管理如图 B. 4. 1-7 所示。

（7）甲方看板：实现建设单位定期查看造价咨询月报。

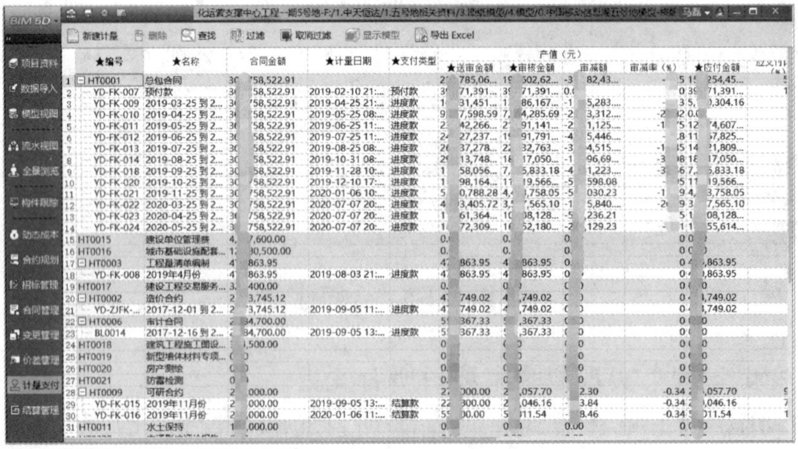

图 B. 4. 1-7　计量支付管理

5. 应用总结

通过 BIM 技术在施工阶段的实际应用，不仅在资料管理、模型浏览、施工模拟、成本管理、合同管理、计量支付、价差管理等七大方面解决了传统业务中的结算资料不完整、管线碰撞导致的变更、无法模拟施工、成本管控金额关联性差、资金统计难度大等痛点、难点，还实现了人力资源的节约。

截至 2020 年 7 月，通过 BIM 技术的应用，缩短工期 50 余天，并节约各类业务经费约 400 余万元。

B. 4. 2　青矩顾问：某机构总部办公楼项目应用实践

1. 项目概况

青矩工程顾问有限公司（以下简称“青矩顾问”）作为全过程造价咨询单位，参与了某机构总部办公楼（以下简称“本项目”）的建设。本项目建筑面积 7 万余 m^2，主楼地上 22 层，裙房部分为 3 层，地下 3 层，建筑高度 89. 2m，项目如图 B. 4. 2 所示。

图 B. 4. 2　某机构总部办公楼

2. 应用范围

青矩顾问按照业务委托的要求，在施工阶段为客户提供的服务内容包括：

（1）应用 BIM 技术，对过程变更进行管理。

（2）应用 BIM 技术，进行进度款审核和管理。

（3）应用 BIM 技术，对合同及付款情况进行管理。

（4）应用 BIM 技术，动态分析本项目的投资情况。

3. 应用目的

BIM 在施工阶段实现目的是通过 BIM 模型及优化后的施工图，辅助指导施工，减少设计问题引发的变更和索赔，对变更、索赔进行事前控制；利用 BIM 模型进行进度款审核、变更审核，更精准、直观地进行造价管理工作。

4. 实施过程

（1）变更管理。通过青矩全咨云平台录入所有变更数据，将变更前后模型实现可视化对比分析，并形成变更记录和模型定位，同时，针对变更的工程量对比，可以利用 BIM 模型进行计算，在较小范围内的 BIM 模型计算，能通过检查确保模型精度达到要求，从而使用 BIM 模型工程量作为清单审核的依据。

（2）进度管理及进度款审核。通过日常的施工进度录入，以及计划进度的导入和模型管理，基于 BIM 模型进行进度管理，并根据实际进度情况，为进度款审核提供精准数据，并利用 BIM 模型输出对应进度区间的工程量，作为进度款审核的依据。

（3）合同及付款管理。合同管理和支付管理是造价管理的重要内容，利用青矩全咨云平台的合同管理和支付管理，实现线上的付款、统计分析，实现动态留痕和动态预警。

（4）动态成本分析。利用概算作为目标成本，基于过程中平台上产生的款项支付、合同信息、调价信息，实现动态成本统计及分析，对有超概风险的项目进行预警，为投资控制提供实时、精准的数据。

5. 应用总结

（1）节约人力资源。通过全过程 BIM 技术应用，在各个阶段都替代了一部分造价工作，实现了 BIM 模型的复用，同时也减少了造价人员的人力投入。

（2）提升服务水平。在用户体验方面，基于 BIM 模型的沟通、交流更加直观、便利，让建设单位能可视化了解工程的造价情况及详细三维细节。在服务能力方面，通过 BIM 技术的引入，在算量效率、算量准确性（工程量复核）方面，多了一层技术保障。使进度数据等更加精准，加强了传统造价管理人员的造价管控手段。在服务内容方面，拓宽了传统造价咨询的服务范围，如初步设计中利用 BIM 模型进行设计审查、施工图设计环节进行设计优化，这些工作内容虽然不属于传统造价工作内容，但是却与造价管理密切相关，将被动造价管理改变为事前的主动造价管理，在变更索赔审核之前，先尝试消灭可能引发变更索赔的问题，扩大了造价管理的服务内容。

B. 4. 3 河南致诚：玉兰大厦项目应用实践

1. 项目概况

河南省致诚工程技术有限公司（以下简称“河南致诚”）作为全过程造价咨询服务单位参与建设了玉兰大厦项目（以下简称“本项目”）。

本项目地上24层，地下两层，地上面积26 010.67m^2，地下面积6 468.78m^2，项目如图B. 4. 3-1所示。

图B. 4. 3-1 玉兰大厦项目

2. 应用范围

河南致诚按照业务委托的要求，在施工阶段为客户提供的服务内容包括：

（1）应用BIM技术，进行可视化图纸审查。

（2）应用BIM技术，进行机电专业的深化设计。

（3）应用BIM技术，对重点部位进行三维交底，指导施工。

（4）应用BIM技术，进行工程量统计，控制现场用料。

（5）应用BIM技术，支持关键部位方案论证。

3. 应用目的

（1）通过BIM可视化，为隐蔽工程留存可视数据，以防结算发生争议。

（2）通过BIM快速精准出具工程量，防止不平衡报价。

（3）通过BIM应用，梳理图纸，减少签证变更发生。

（4）通过BIM应用，提升工程进度款计算效率。

（5）通过BIM技术应用，解决安装专业结算的矛盾。

（6）通过BIM技术应用，为项目提供有效的管理。

4. 实施过程

（1）可视化图纸审查。完成土建、机电各专业的 BIM 模型搭建，在建模过程中发现单专业的图纸设计不足，对设计图纸进行可视化审查，汇总问题，提交给建设单位，提前规避建设风险。

（2）机电深化设计。机电设备安装管线综合是本项目 BIM 重点应用，首先在 BIM 应用软件中进行机电管线三维排布，利用施工模拟和软件相应功能发现施工图的“错、漏、碰、缺”等设计缺陷，本项目地下室碰撞共计 65 处，地上部分碰撞共计 587 处，每处碰撞点均有三维图形显示、碰撞位置、碰撞管线信息以及对应图纸位置，且每处碰撞点均已得到解决。通过管线综合后的模型，可方便直观地对空间进行净高分析，净高分析如图 B. 4. 3-2 所示。

图 B. 4. 3-2　基于 BIM 的净高分析示意

（3）可视化交底。利用 BIM 应用软件，结合设计及规范规定，将机电设备安装工程中的复杂节点以三维模型样式展示出来，用于安装作业前的技术交底。既便于操作工人直观学习，也为管理人员检查、验收提供直观的标准，颠覆文字加二维图形技术交底的传统模式，如图 B. 4. 3-3 所示。

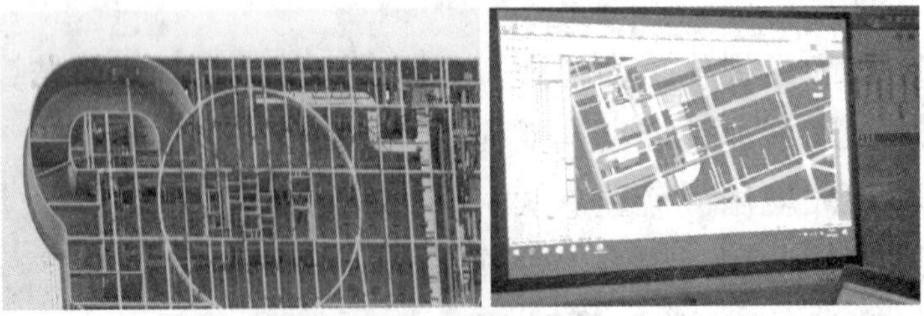

图 B. 4. 3-3　BIM 可视化交底

（4）工程量统计。机电设备安装模拟管线排布、设备安装完成并经优化后，利用BIM应用软件的算量功能提取施工净用量。一方面可与投标量、预算量进行对比；另一方面对用料进行均衡优化，为施工的定尺采购、低耗制作、精细安装提供依据，做到限料上楼、无废料下楼。

（5）设备机房论证。项目因邻近太行山路，顶层设备机房较为突出，为验证是否削弱了幕墙整体效果，进行三维1∶1真实模拟。

经论证顶层设备机房影响幕墙的整体效果，在机房周围增加方管遮挡物进行优化处理，方案对比如图B.4.3-4所示。

图B.4.3-4 BIM方案比选

5. 应用总结

通过在施工阶段应用BIM技术，发现图纸问题127个，规避了后续返工风险；通过基于BIM的过程控量，仅土建专业节省材料费97万余元；通过可视化仿真，优化建筑缺陷，提升建筑品质。

B.4.4 山东公平：莱芜市莱城区人民医院新建工程项目应用实践

1. 项目概况

山东公平工程咨询有限责任公司（以下简称“山东公平”）作为BIM咨询单位和全过程造价咨询单位，参与建设了莱芜市莱城区人民医院新建工程项目（以下简称“本项目”）。

项目总投资约5.3亿元，总用地面积约4万m^2，总建筑面积9.5万m^2。项目位于济南市莱芜区，共规划设置开放床位800张。项目如图B.4.4-1所示。

2. 应用范围

山东公平按照业务委托的要求，在施工阶段为客户提供的服务内容包括：

（1）完成项目各专业的BIM模型建立，实现可视化图纸审查。

（2）对医院复杂部位的机电管线进行综合优化排布。

图 B. 4. 4-1　莱芜市莱城区人民医院新建工程项目

(3) 对项目的施工组织安排进行可视化推演和模拟。

3. 应用目的

本项目为医院类项目，较房屋建筑项目增加了很多的医疗相关的管道和设施。本项目 BIM 在施工阶段实现目的如下：

(1) BIM 技术的三维可视化应用，可以在项目建设前期进行碰撞检查，优化工程设计，优化综合管线排布方案，减少项目施工阶段由于设计原因或现场实际施工情况造成的返工、施工材料等资源浪费。

(2) 通过 BIM 技术进行进度模拟，并分析出各种资源在不同施工阶段的需求量，为合理利用和分配各种资源提供技术依据。

(3) 通过清单报价与 BIM5D 的挂接，及时分析造价变化，进行三算对比，对造价动态管理，将造价控制在可控范围内。

(4) 借助 BIM 技术，将质量控制、形象进度、造价控制与 BIM 模型关联，在建设过程中对各项目标进行有效控制，并将过程资料完整记录。

4. 实施过程

(1) 可视化审图。通过三维模型，及时发现设计图中存在的缺陷、遗漏等问题，并进行修改讨论。图纸会审时，通过三维漫游，及时发现图纸中存在的问题，及时讨论、修改。将模型中发现的问题转化为工程量的测算、造价的对比，利用广联达算量软件多遍校核，保证工程量和造价的准确性，如图 B. 4. 4-2 所示。

(2) 机电深化设计。利用三维模型建立机房 BIM 立体布置模型，节约机房设备布置空间，为管道及设备安装提供前期指导，做到了设备及管道走廊管线布置及净高优化，如图 B. 4. 4-3 所示。

图 B.4.4-2 BIM 模型可视化漫游

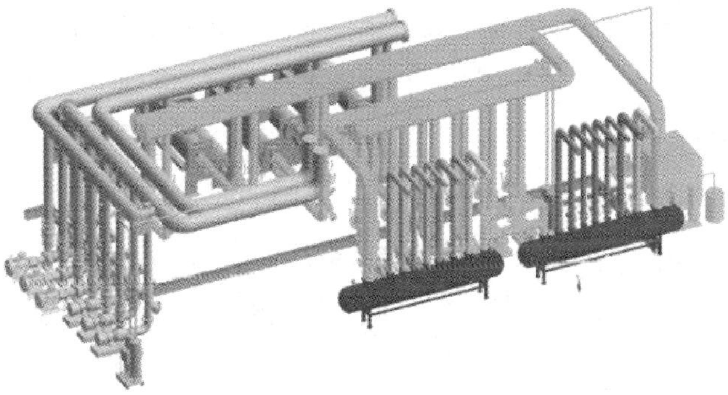

图 B.4.4-3 机电深化设计

（3）基于 BIM 的项目管理。通过建模后导入 BIM5D 平台对施工进度、现场布置、综合管线布置等多次组织现场会议进行方案优化改进。对多方案进行测算、对比，从造价角度向建设单位提出合理化建议，确定最终的布置方案。优化后的场地布置方案如图 B.4.4-4 所示。

图 B.4.4-4 场地布置优化

将模型与进度计划/清单、施工资料进行关联，利用 BIM5D 平台提供相应数据，分析计划合理性，调整施工计划。

利用三维模型关联预算清单，通过按照时间进度模拟，得出每月每周资金消耗量及消耗曲线，分析资金时间分布、资金使用计划，控制项目投资。

5. 应用总结

山东公平通过在施工阶段应用 BIM 技术，检查出碰撞点 3 600 个，节约造价约 300 万元，节省工期 1 个月。通过成本信息与 BIM 模型的集成，及时分析造价变化，对造价进行动态管理，将造价变化控制在可控范围内。

B.4.5 深圳斯维尔：深圳技术大学建设项目（一期）应用实践

1. 项目概况

深圳市斯维尔科技股份有限公司（简称“深圳斯维尔”）作为咨询单位参与建设了深圳技术大学建设项目（一期）（以下简称“本项目”）。

本项目位于深圳市坪山新区，总建筑面积 95 万余 m^2。主要建设内容包括六大学院（健康与环境工程学院、创意设计学院、新材料与新能源学院、互联网与大数据学院、城市交通与物流学院、中德智能制造学院）、先进材料测试中心、学术交流中心、图书馆、会堂、公共教学楼、校行政与公共服务中心综合楼、体育馆、连廊平台等室外配套工程，项目如图 B. 4. 5-1 所示。

图 B. 4. 5-1 深圳技术大学建设项目（一期）

2. 应用范围

按照业务委托的要求，在施工阶段为客户提供的服务内容包括：

(1) 对项目进度、成本、质量、安全进行总体控制。

(2) 利用 BIM 模型支持全专业工程量的快速精确完整计算。

(3) 支持参建的各单位、各专业间的协调和沟通。

3. 应用目的

（1）可视化及技术交底：采用BIM技术可视化，加强BIM模型、方案可视化技术交底，进行施工指导。

（2）各参建方协同管理、信息共享：利用工务署项目管理平台，加强项目各参建方的统一协同管理，综合管控，协助建设方对进度、质量、安全、成本进行全面的管控。

（3）加快施工进度：利用BIM技术应用，提高施工效率，细化施工方案，采用可视化技术交底等技术手段加速施工进度。

（4）变更管理、成本控制：利用BIM技术辅助工程结算和竣工结算工作，通过减少设计错误控制变更，加强成本控制、降低项目成本。

（5）提高质量：通过BIM技术发现和解决设计问题、优化设计，利用BIM的直观性辅助设计决策，提高设计质量，同时减少图纸错误，进而提升施工质量。

4. 实施过程

（1）BIM建模及图纸审查。根据设计图纸，建立各专业施工图BIM模型，并在建模过程中发现和反馈图纸问题。通过创建全专业的精细模型，进行各专业碰撞检查，共发现碰撞问题132 862处，如图B. 4. 5-2所示。

碰撞检查报告单

基本信息：				模型碰撞
问题位置	F2-02	轴线定位	7-84C-D	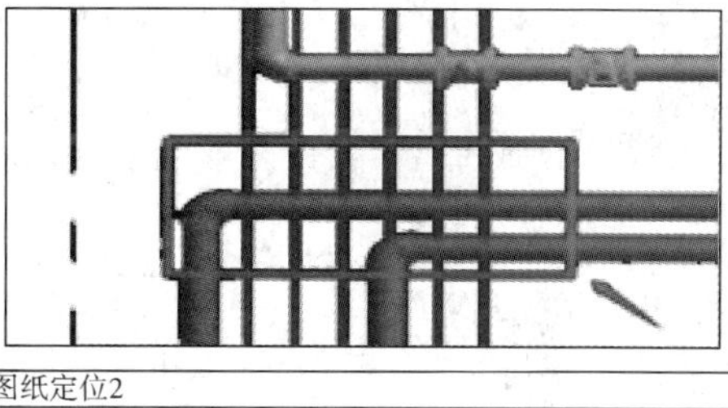
问题图纸	01.给排水-行政办公楼二层平面图 02.暖通-行政办公楼二层平面图	问题专业	暖通，给排水	
问题表述				
1.空调冷媒管水平管与消火栓系统水平管产生碰撞情况				
图纸定位1				图纸定位2
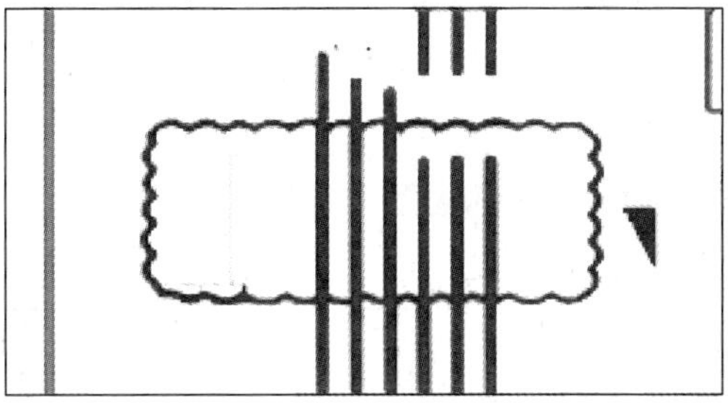				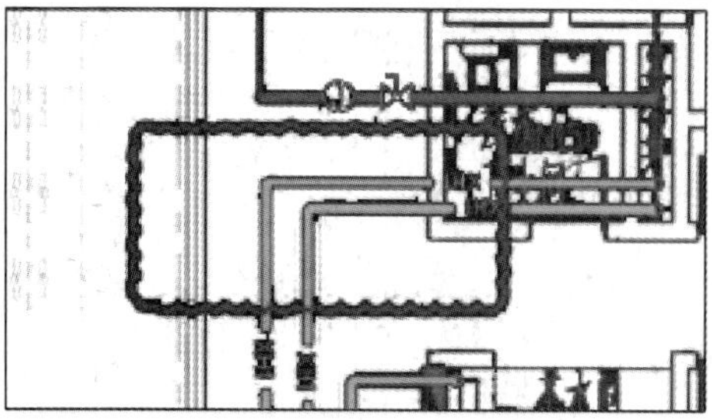

图B. 4. 5-2 BIM碰撞检查报告

（2）净高分析。管综深化后对各区域进行净高分析，在满足设计要求的情况下，尽量提高净高空间，满足设备安装及检修空间要求，同时提升项目品质，净高优化的成果如图B. 4. 5-3所示。

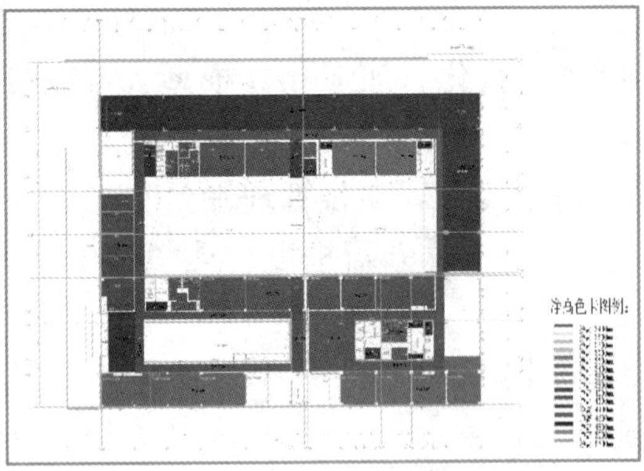

11栋		设标高(M)	BIM优化后标高(M)
一层	自习休闲室	4.5/3.6/4.0/3.7	4.95/3.95/4.35/4.20
	阶梯教室	4.5/3.8/4.0	4.95/4.10/4.30
	外廊	4.5/3.7	4.95/4.05
	公共卫生间	3.60	4.00
	电梯厅	3.50/4.25/4.7/43	4.30/4.75/5.2/4.85
	架空绿化休闲	4.35/4.0/4.1/4.25/4.(	5.0/4.3/4.35/4.65/4.2/4.85
	架空公共空间	4.70	5.20
	开水间	4.60	5.00
	前室	4.25	4.95
二层	教室	3.60	4.00
	走道	3.25/3.1	3.65/3.55
	外廊	3.30	3.70
	公共卫生间	3.60	4.00
	电梯厅	3.15/3.80/435	3.65/4.30/4.85
	开水间	4.65/3.5	5.00/4.00
三层	走道	3.30/3.35	3.70/3.75
	电梯厅	3.55	3.95
	教室	3.7	4.10
	休息室	3.7	4.15
	卫生间	3.6	4.00
	开水间	3.6	4.00
四层	教室	3.6	4.00

图 B.4.5-3　BIM 净空分析报告

(3) 土方平衡。借助高精度倾斜摄影三维实景模型，结合设计地形标高，通过软件分析快速计算出场内土方填挖方量，指导各标段施工土方挖填、堆放、周转，如图 B.4.5-4 所示。

深圳技术大学土方平衡汇总表

标段	楼栋编号	本标段内可用土方量（m³）	地下室基坑回填土方量（m³）	室外道路场地等土方量（m³）	顶板回填土用量（m³）	备注
II 标	7、8栋	15859.48	-18065.17	-36550.44		
	14栋	17040.29	-31766.4	-44211.24		
	合计	/	-49831.57	-81061.68		
	总计	32899.77	-130893.25			
	现场估计土方	40000				
	还需土方量	-57993.48				
结论：II 标段最终场地完成需回填土方57993.48m³						
III标	3、4、5栋	/	-57337.55	-44226.82		
	9、10、11栋	24519.61	-37708.6	-56832.77		
	东面山体	146122.9	/	/		
	麻雀坑水道	/	/	-21822.1		
	合计	170642.51	-95046.15	-122881.69		
	总计	170642.51	-217927.84			
	现场估计土方	/				
	还需土方量	47285.33				
结论：III标段最终场地完成需回填土方47285.33 m³						
IV标	1、2#	62924.4	-10413.5	-25630.6	-19743.7	1#基坑顶板无土方回填
	12#	246.6	-13599.7	-21710.4	-28223.2	
	13#	4721.6	2436.5	-30356.8	/	
	总计	67892.6	-21576.6	-77697.8	-45966.9	
结论：IV标段最终场地完成需回填土方77348.8m³						

图 B.4.5-4　土方平衡分析

（4）预制加工。通过预制构件 BIM 模型，对构件进行编号、出图，同时生成构件统计表，对构件的钢筋重量、数量、体积等进行快速统计，提升预制加工厂的配料工作效率以及成本统计的工作效率，如图 B. 4. 5-5 所示。

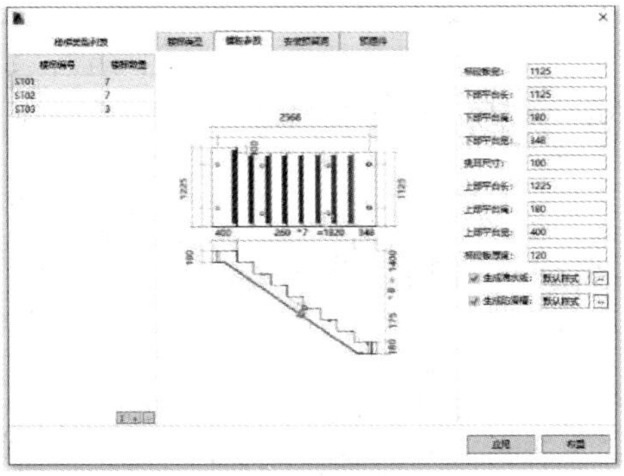

楼梯	楼层	每层数量	件数
PCWQ-01	3F-6F,8F~17F	3	42
PCWQ-01a	7F	3	3
PCWQ-03	3F-6F,9F~17F	1	13
PCWQ-03a	7F	1	1
PCWQ-03b	8F	1	1
PCWQ-04	3F-6F	2	8
PCWQ-04a	7F	12	12
PCWQ-05	3F-6F,8F~17F	4	56
PCWQ-05a	7F	4	4

图 B. 4. 5-5 预制加工

通过调整后的机房管综模型，结合装配化施工的需求，建立基于实物尺寸的机房管综模型，支持机房快速施工。

（5）工程算量。利用装饰 BIM 模型可快速提取材料量，并依据设计变更，更新 BIM 模型，快速出具变更材料清单，进行变更前后的对比、分析，为成本管控提供数据支撑，如图 B. 4. 5-6 所示。

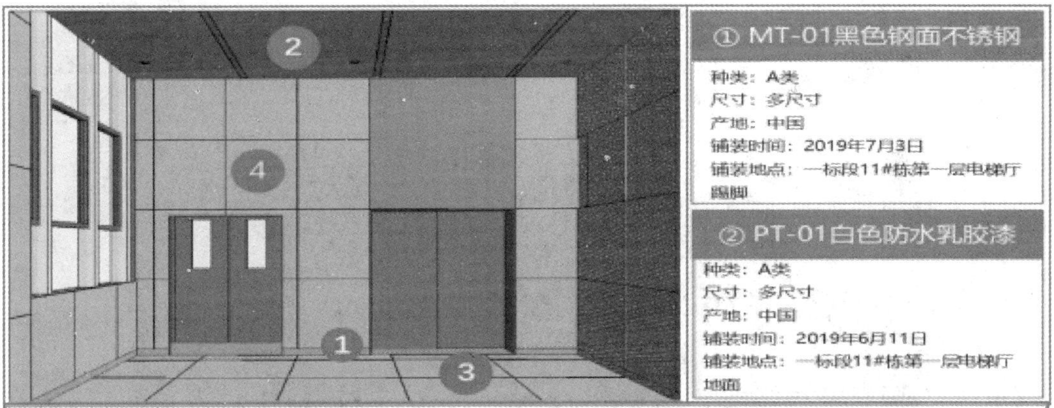

深圳技术大学（一期）一标段11#栋第一层电梯厅工程量统计							
A	B	C	D	E	F	G	H
材料编码	种类	长度:m	宽度：mm	厚度:mm	合计	面积:m²	备注
MT-01	黑色钢面不锈钢	12.565		15			踢脚
PT-01	白色防水乳胶漆			20		19.17	
ST-03B	花岗岩黄金麻（抛光面）	900	900	20	30	19.645	地面
ST-03B	花岗岩黄金麻（抛光面）	1100	900	40.923	52		墙面

图 B. 4. 5-6 装饰工程量

5. 应用总结

本项目利用 BIM 模型进行深化、优化设计时，共发现设计图纸存在“错、漏、碰、缺”和设计问题报告 1 367 份，节省建设投资约 850 万元。

B.5 结算阶段 BIM 咨询服务案例

B.5.1 辽宁艾立特：华润小南街养老中心项目应用案例

1. 项目概况

辽宁艾立特工程信息有限公司（以下简称“辽宁艾立特”）作为全过程造价控制、BIM 咨询服务单位参与建设了华润沈阳小南街养老中心项目（以下简称“本项目”）。

项目是华润置地东北大区与辽宁省金秋医院共同打造的沈阳首个城市中心高端养老综合体。项目地址位于辽宁省沈阳市沈河区东滨河路与小南街交汇处，项目总建筑面积约 3.8 万 m^2，总投资约 1.85 亿元，项目如图 B.5.1 所示。

图 B.5.1 华润小南街养老中心

2. 应用范围

辽宁艾立特按照业务委托的要求，在结算阶段为客户提供的服务内容包括：

（1）完善竣工 BIM 模型，为后期运维提供基础数据。

（2）梳理项目资料，实现整体化交付。

3. 应用目的

本项目后期将采用BIM运维，需要有模型和建设过程的相关资料。梳理设计、施工阶段的BIM模型，对模型进行完善，为项目后期运维提供基础模型；并将建设过程的资料按照阶段系统进行分类梳理，为后续资料的应用提供支撑。

4. 实施过程

（1）依托BIM技术的模型管理。对于项目内必要的构件信息添加工作，模型是基于综合深化模型和变更模型整合后的文件为底版进行处理，保障现场施工的情况和模型达到一致性，同时也为项目后期运维提供数据接口。

（2）依托BIM技术的资料管理。对于项目的资料管理，更多的是依托ESP管理平台，其实很多数据都是在项目实施过程中留存，在后期资料查找和归档中，可以分阶段、分系统地进行分类别存储，为项目资料管理提供了极大的便利性。

5. 应用总结

本项目中突出体现了BIM应用价值，主要有以下几点：

（1）在以BIM技术为核心的图纸指导施工中，使BIM价值全面落地。

（2）建立了以BIM应用为基础的成本管理组织工作方式。

（3）对项目整体质量和价值得到提升，建设方对于现场施工成果非常满意，视觉观感大幅提高。

（4）使项目整体工期提前了20余天，节约对量期间工作总长度达130余天，为项目总节约206万元。

B.5.2 诚信金泰：苏同黎公路快速化改造项目应用实践

1. 项目概况

诚信金泰建设管理（苏州）有限公司（以下简称“诚信金泰”）作为全过程工程咨询服务单位参与建设了苏同黎公路快速化改造项目（以下简称“本项目”）。

本项目路线全长约3.84km，计划建设工期为2019年至2021年，本项目建安费约6.26亿元，本项目BIM技术的咨询总费用120万元，项目如图B.5.2-1所示。

2. 应用范围

诚信金泰按照业务委托的要求，在结算阶段为客户提供的服务内容包括：

（1）应用BIM技术，辅助工程结算。

图 B. 5. 2-1　苏同黎公路快速化改造项目

（2）应用 BIM 技术，对建设过程进行梳理汇报。

3. 应用目的

本项目工程参与单位众多、施工作业面复杂，根据实际地形情况，项目也做了设计的优化和调整。基于 BIM 技术的应用，提升了沟通效率和结算质量，并将本项目的 BIM 应用成果沉淀输出到类似项目。

4. 实施过程

（1）BIM 成果汇报。市政道路设计从方案设计、初步设计、施工图设计，需要进行多次的成果汇报，工作量大。BIM 的三维动态模拟可以帮助设计师充分展现道路的设计理念，与业主和评审专家一同验证道路方案的合理性，特别是复杂立交线形的合理性。另外，BIM 的立体展示也可满足业主对外的项目宣传需求。电子版移交成果文件如图 B. 5. 2-2 所示。

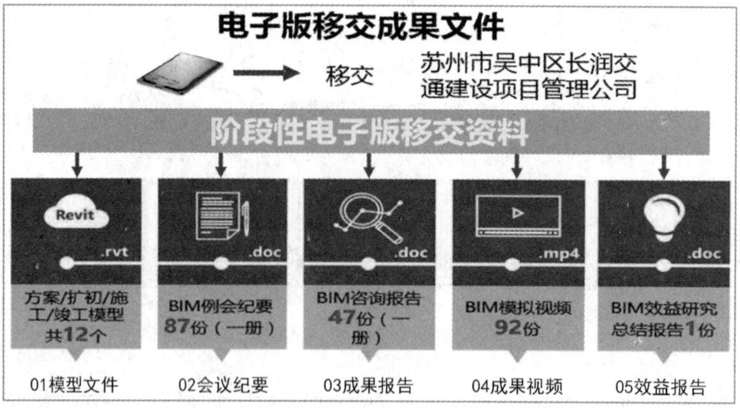

图 B. 5. 2-2　电子版移交成果文件

(2) 辅助工程结算。利用竣工模型，通过对各专业工程量的统计，进行BIM软件工程量和施工送审工程量的比对分析，辅助结算工作。

5. 应用总结

传统审计工程量清单、最高投标限价，审计人员需要人工核算工程量，计算偏差也较大。但运用BIM技术，可以从市政基础设施三维模型中直接导出工程量清单，提高了工程量清单、最高投标限价核算的准确度。

B.5.3 华昆咨询：凤庆县第二人民医院建设（一期）项目应用实践

1. 项目概况

华昆工程管理咨询有限公司（以下简称“华昆咨询”）为凤庆县第二人民医院建设（一期）项目（以下简称“本项目”），按建设方委托要求提供BIM结算阶段的咨询服务，项目如图B.5.3-1所示。

图B.5.3-1 凤庆县第二人民医院建设（一期）项目

本项目位于云南省临沧市凤庆县，是云南省基层民生卫生系统重点项目，项目工期31个月。本项目一期总建筑面积6.79万m^2，框架剪力墙结构，总投资额3.65亿元。

2. 应用范围

依据医院建设方的委托，华昆咨询为本项目提供基于BIM的结算管理咨询和数字化资产交付咨询服务。

3. 应用目的

(1) 加快完成本项目的结算计量和审核工作，确保项目投资安全、加速工程竣工移交和投入使用，避免结算超预期。

（2）完成数字化工程和数字化资产移交，满足项目智慧运营服务需求。

4. 实施过程

（1）应用 BIM 技术加快工程结算审核。华昆咨询 BIM 团队基于客户的委托任务范围，针对参与工程建设的各个施工单位的 BIM 应用情况进行复核，审核各专业的 BIM 竣工模型，对于模型创建不完整、信息不完善、数据不准确等内容，及时协调补充，确保 BIM 结算模型统一、BIM 模型数据完整，使 BIM 模型满足本项目竣工结算工程量核对的要求。

通过对本项目土建工程（除钢筋）、机电设备安装工程（除强弱电线管、线缆、终端模块）等生成准确的 BIM 结算模型，竣工 BIM 模型和实际建造成果实现“模、实一致”。通过前期的周密组织和计划，本项目的竣工结算在核对过程中，基于统一的模型不仅依据充分、清晰，且工程量准确，快速地消除各参与方的结算争议和分歧，极大地缩短了本项目的结算定案周期，如图 B. 5. 3-2 所示。

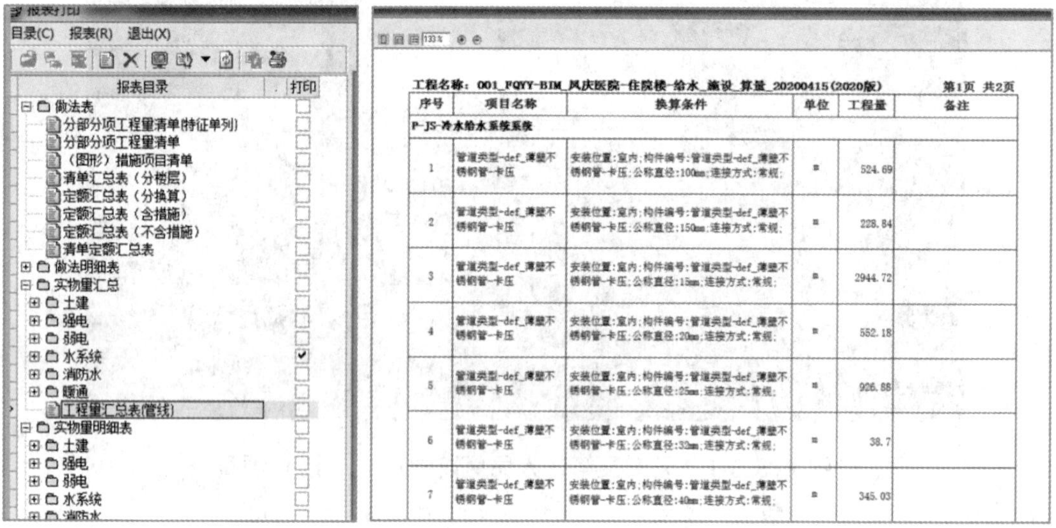

图 B. 5. 3-2　BIM 结算“模、实一致”示意

（2）BIM 数字化交付。按照委托单位针对项目后期运维需要，本项目投入使用后，运营中需要基于 BIM 数字技术，实施数字化运维以确保项目高效运行。因此，委托单位要求针对本项目形成从工程到管理的全数字化资产，创建数字化工程仿真 BIM 模型，实现“模、实一致”运维需求。

咨询服务团队基于竣工 BIM 模型，对施工过程信息进行核对和梳理，规范建筑设施仿真模型信息、删除（屏蔽）的无效信息（冗余信息）、需增补的物业信息等，按运营部门的管理需求将设备、管线密集部位的系统模型，机电系统设施设备的厂牌型号、规格参数、使用说明书、售后服务等数据库及查询平台集成于 BIM 模型，实现运营管理部门的使用需求，辅助业主最终实现智慧运营管理。

5. 应用总结

基于 BIM 技术在结算方面的应用，由于 BIM 模型支撑工程量计算，减少造价人力投入，减少算量作业时间 5 天，核对沟通时间 10 天，节约人力成本 5 万元。

B. 5. 4 正衡管理：正衡大厦项目应用实践

1. 项目概况

正衡工程项目管理有限公司（以下简称“正衡管理”）为正衡大厦项目（以下简称“本项目”）按客户委托要求，提供项目结算阶段 BIM 咨询服务。

本项目建设地点位于西安国家民用航天产业基地，总建筑面积 10. 18 万 m^2。其中：写字楼 2 栋 25 层，框架筒体结构，建筑面积 5. 86 万 m^2；商业裙楼 4 层，框架结构，建筑面积 1. 42 万 m^2；地下建筑 3 层，建筑面积 2. 90 万 m^2，如图 B. 5. 4-1 所示。

图 B. 5. 4-1 正衡大厦

2. 应用范围

本项目结算阶段的 BIM 咨询服务范围如下：

（1）基于 BIM 模型的项目结算资料档案管理。

（2）BIM 数字化资产交付咨询服务。

3. 应用目的

本项目实施建设周期长、参建单位多、总（分）包合同多，项目进度结算和竣工结算工作量大，短时间内完成项目全部结算工作的难度大；结算后期针对本项目的工程数据要形成 BIM 数字化资产，一并向委托单位交付。

4. 实施过程

正衡管理基于公司在 BIM 咨询服务中的成熟应用，针对客户委托要求，快速组建了咨询团队，并仔细调研分析了客户在成本控制中存在的问题，形成完整的解决方案。基于 BIM 模型，将本项目全部参建单位信息进行整理。同时，针对 BIM 模型的数据信息不准确和不完整的部分与参建单位进行了补充，使本项目的 BIM 竣工模型与工程实际保持完全一致。

基于本项目的数字化资料和资产管理，充分利用本项目的结算准备工作，在 BIM5D 平台中将项目设计、施工管理、项目竣工和运维阶段需要的资料数据全部关联到 BIM 结算模型中，按照 BIM 档案管理标准，进行分组、分类存储等，达到了客户后期数据化运维、管理的委托要求，档案管理如图 B. 5. 4-2 所示。

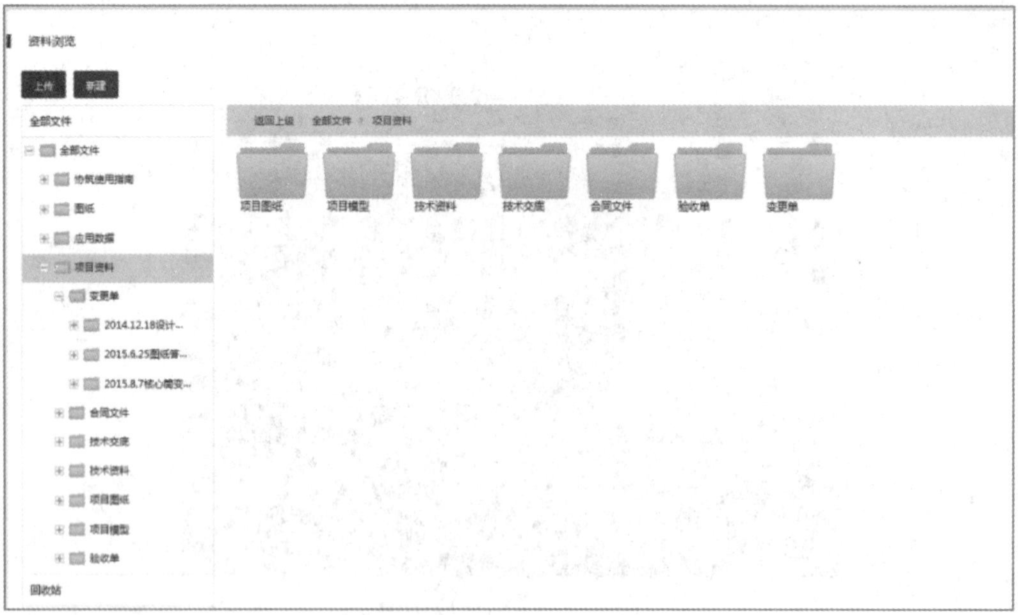

图 B. 5. 4-2 项目数字化档案数据库

5. 应用总结

基于本项目多参与方统一的 BIM 结算模型，展开多专业、多参与方同一时间进行结算审核，实现工程结算争议为零，并按客户委托约定的时间提前完成了本项目的全部结算工作，结算误差全部控制在许可误差范围之内。同时，完整并准确地实现客户针对本项目的数字化资产管理要求，数字档案资料库全部符合客户的应用需求。